职业教育园林、园艺、环艺专业"十四五"规划教材

园林微景观
设计与制作

主　编　何礼华　李　夺　陈　丽

副主编　刘玮芳　屠伟伟　刘柏炎

　　　　何敏玲　王　琳　俞安平

ZHEJIANG UNIVERSITY PRESS
浙江大学出版社
·杭州·

图书在版编目（CIP）数据

园林微景观设计与制作 / 何礼华，李夺，陈丽主编.
杭州 ：浙江大学出版社，2024. 8. -- ISBN 978-7-308
-25333-8（2025. 2重印）

Ⅰ. TU986.2

中国国家版本馆 CIP 数据核字第 2024RS2047 号

园林微景观设计与制作

YUANLIN WEI JINGGUAN SHEJI YU ZHIZUO

主　编　何礼华　李　夺　陈　丽

责任编辑　王元新
责任校对　阮海潮
封面设计　林智广告
出版发行　浙江大学出版社
　　　　　　（杭州天目山路148号　邮政编码 310007）
　　　　　　（网址：http://www.zjupress.com）
排　　版　杭州林智广告有限公司
印　　刷　杭州捷派印务有限公司
开　　本　889mm×1194mm　1/16
印　　张　11
字　　数　150千
版 印 次　2024年8月第1版　2025年2月第2次印刷
书　　号　ISBN 978-7-308-25333-8
定　　价　58.00元

编写委员会

主　任：李　夺（北京绿京华生态园林股份有限公司董事长，高级工程师，全国生态园林行业产教融合共同体理事长，中国风景园林学会第七届理事会理事，教育部国家级职业教育创新团队成员；园林国手品牌创始人，国家职业技能鉴定高级考评员，第44届世界技能大赛园艺项目中国技术指导专家，全国多个省、市园林景观设计与施工赛项裁判长，2020年、2021年教育部国赛园艺赛项裁判长）

副主任：何礼华（杭州富阳真知园林科技有限公司总经理、教学总监，美国洛杉矶Greenshower Nursery工作四年，全国多家高职院校客座教授，园林国培基地培训师，园林植物、植物造景、园林工程材料、庭院施工图设计、园林工程施工等教材主编，中国造园技能大赛国际邀请赛裁判，全国多个省、市园林景观设计与施工赛项和园林微景观设计与制作赛项裁判长）

郭　磊（北京景园人园艺技能推广有限公司总经理，园林国手品牌负责人，主导系列"中国造园技能大赛国际邀请赛"，参与编写《园林国手职业技能评价体系》，策划出版《园林国手系列丛书》，多次负责国家级、省级赛事运营与技术保障工作，多次参与全国多个省赛裁判或仲裁）

卢承志（杭州博古科技有限公司总经理，高级工程师，获得科技部创新基金项目，参与园林植物造景、园林工程材料、园林景观设计与施工等教材的编写，主持园林技能大赛、园林工程施工、园林工程识图、园林工程材料与构造等多项园林园艺类虚拟实训软件的开发）

委　员： 汪诗德[1]　李　震[2]　袁玉军[3]　宣志江[4]　庞鹏飞[5]　游树楷[6]
乔　程[7]　陈取英[8]　程　冉[9]　秦海英[10]　刘　丹[11]　林群华[12]
毛立强[13]　刘　民[14]　蒋文明[15]　符　宇[16]　陈远达[17]　刘　萌[18]
冯超骏[19]　焦富顺[20]　陈　舒[21]　马小峰[22]　冯　涛[23]　李明星[24]
孔　畅[25]　吴旭丽[26]　汪利章[27]　周文飞[28]

【①池州职业技术学院；②郑州市财贸学校；③大连市建设学校；④浙江省诸暨市职业教育中心；⑤杭州市旅游职业学校；⑥河北省唐县职业技术教育中心；⑦北京市园林学校；⑧上海市农业学校；⑨济宁市高级职业学校；⑩重庆市农业学校；⑪中山市沙溪理工学校；⑫广州市海珠工艺美术职业学校；⑬长沙县职业中专学校；⑭邢台现代职业学校；⑮郑州市商贸管理学校；⑯深圳市博伦职业技术学校；⑰重庆市北碚职业教育中心；⑱江西省井冈山应用科技学校；⑲晋中市职业中专学校；⑳甘肃省庆阳林业学校；㉑成都职业技术学校；㉒广西钦州农业学校；㉓龙里县中等职业学校；㉔长春市城建工程学校；㉕赤峰工业职业技术学院；㉖新疆应用职业技术学院；㉗杭州市富阳区职业高级中学；㉘杭州凰家园林景观有限公司】

主　编: 何礼华（杭州富阳真知园林科技有限公司）

　　　　李　夺（北京绿京华生态园林股份有限公司）

　　　　陈　丽（福建经济学校）

副主编: 刘玮芳（池州职业技术学院）　　　　屠伟伟（杭州市旅游职业学校）

　　　　刘柏炎（浙江省诸暨市职业教育中心）　何敏玲（广州市海珠工艺美术职业学校）

　　　　王　琳（河北省唐县职业技术教育中心）　俞安平（杭州科技职业技术学院）

参编人员: 韩　欣（大连市建设学校）　　　　王　奕（中山市沙溪理工学校）

　　　　裴洁灵（福建经济学校）　　　　　朱琳飞（杭州市旅游职业学校）

　　　　王　远（郑州市财贸学校）　　　　张　振（广州市海珠工艺美术职业学校）

　　　　王耀山（海南省农业学校）　　　　刘兰萍（江西省井冈山应用科技学校）

　　　　丁　玲（深圳市博伦职业技术学校）　张　蓉（重庆市北碚职业教育中心）

　　　　赵燕燕（济宁市高级职业学校）　　傅雨露（浙江省诸暨市职业教育中心）

　　　　周海光（宁波市四明职业高级中学）　税梅梅（攀枝花市建筑工程学校）

　　　　王贝利（湖北省园林工程技术学校）　袁志茹（包头财经信息职业学校）

　　　　方寒寒（杭州市富阳区职业高级中学）张　娟（苏州建设交通高等职业学校）

CAD图绘制: 陈　圆（福建经济学校）

　　　　　俞安平（杭州科技职业技术学院）

摄　影: 何礼华　王　奕　刘玮芳　王　琳　刘兰萍

　　　　丁　玲　王耀山　张　蓉　袁志茹　胡　巍

视频制作: 杭州博古科技有限公司

前　言

PREFACE

在党的二十大精神指引下，我们坚定不移地推进美丽中国建设。秉持"山水林田湖草沙一体化保护和系统治理"的核心理念，是习近平生态文明思想的核心要义，为我们在人与自然和谐共生的道路上指明了方向，引领我们走向绿色发展的康庄大道，共筑美丽中国的宏伟蓝图。

园林绿化作为城市生态系统中不可或缺的有生命的基础设施，其重要性不言而喻。它不仅是美化城市环境的艺术手段，更是提升居民生活品质、维护城市生态平衡的关键要素。在当前"生态优先、绿色发展"的战略方针指导下，园林绿化行业正经历着从传统型向节约型、生态型、功能完善型的深刻转变，产业链一体化经营趋势愈发明显。

"园林微景观设计与制作"赛项的设立，正是顺应这一时代需求，旨在推动园林绿化行业的创新发展，弘扬绿色生态理念，强化技能型人才培养。通过全国范围内各层次的比赛，不仅能检验职业院校在园林技术、园林绿化等领域的教学成果，还能促进校际间的交流与合作，为专业建设与课程改革注入新的活力，实现"赛证融通"，全面提升教学质量与专业水平。

"园林微景观设计与制作"赛项深度融合设计与制作两项技能，要求参赛者不仅具备扎实的园林制图功底和创新设计理念，还需熟练掌握园林植物造景的原则与方法以及景观材料的识别与运用能力。在紧张激烈的比赛中，选手们需紧密协作，高效安排工作流程，注意节约材料、爱护工具、安全环保，充分展现新时代技能人才的协作精神、劳动精神和工匠精神。

"园林微景观设计与制作"是 2023 年新增赛项，目前尚无专类教材可供学生参考学习。行业领军企业北京绿京华生态园林股份有限公司和杭州富阳真知园林科技有限公司牵头组织编写《园林微景观设计与制作》一书，旨在将宝贵的赛项资源转化为教学资料，惠及更多学子，帮助年轻学生掌握园林微景观设计与制作技能，为将来就业奠定良好基础。该书选用了全国多所中职学校师生绘制的具有一定代表性的手绘图（平面图、立面图、局部效果图），并将园林微景观作品进行分类整理，分五大模块（假山、溪流、园路、植物、小品）展示各个项目的施工工艺与技术要点。每个项目选用学生训练或比赛的作品，配以详细的文字说明；有的项目还附有二维码链接至教学视频，为学习者提供更为直观的学习方式。

　　为充分利用行业资源，本书在校企合作方面进行了积极探索，创新地采用企业牵头、职业院校专业教师参与的合作编写方式。由杭州富阳真知园林科技有限公司何礼华、北京绿京华生态园林股份有限公司李夺、福建经济学校陈丽担任主编，池州职业技术学院刘玮芳、杭州市旅游职业学校屠伟伟、浙江省诸暨市职业教育中心刘柏炎、广州市海珠工艺美术职业学校何敏玲、河北省唐县职业技术教育中心王琳、杭州科技职业技术学院俞安平担任副主编，大连市建设学校韩欣等 18 位教师参加了编写工作。

　　本书在编写过程中得到了池州职业技术学院、福建经济学校、杭州市旅游职业学校、浙江省诸暨市职业教育中心、广州市海珠工艺美术职业学校、河北省唐县职业技术教育中心、杭州科技职业技术学院、中山市沙溪理工学校、江西省井冈山应用科技学校、北京绿京华生态园林股份有限公司、北京景园人园艺技能推广有限公司、杭州博古科技有限公司、杭州凰家园林景观有限公司、杭州富阳真知园林科技有限公司等校企领导的大力支持，并参考了 2023 年全国职业院校技能大赛"园林微景观设计与制作"赛项规程、2022 年中华人民共和国人力资源和社会保障部等制定的"园林绿化工"国家职业技能标准以及手绘设计方面的教材，在此一并致以衷心的感谢！同时还要感谢为本书提供珍贵手绘设计图和赛训照片的园林景观专业教师！

　　由于编写时间仓促，书中难免存在不足和疏漏之处，敬请业内专家和广大读者批评指正，共同推动园林微景观设计与制作行业的持续发展与创新。

编　者

2023 年 12 月

目　录

CONTENTS

CONTENTS

01

园林景观手绘设计
基础知识

园林景观手绘设计涉及知识面广，已经出版的相关教材也多。本书简要介绍七个方面的内容：园林景观手绘制图常用设备、工具与材料，手绘设计图面要素与表现技法，手绘设计构图的原则与形式，手绘草图的作用与特性，手绘分析图的表现方式，手绘平面图的表现方式，手绘立面图的表现方式。

1.1 手绘制图的设备工具与材料

如今借助各类计算机辅助设计软件，能更快捷地完成设计制图，所以对从业人员手绘技能的要求正在降低。但在实际景观设计工作过程中，手绘设计依然发挥着重要作用。在一些小的设计公司，独特的、非重复性的、需要精细设计的项目占业务的绝大多数。在这种情况下，手绘依然是图纸表达的一个重要组成部分。还有一些公司将计算机绘图和手工绘图结合起来，既发挥了计算机绘图的快速性和准确性，也保留了徒手绘图自由随意的表现风格。

1.1.1 园林景观设计常用绘图工具与材料

（1）**绘图板**，推荐选择有乙烯涂层覆盖的绘图板，比较耐用，不易出孔洞。在板的上边和下边可以粘上双面胶带，图板应避免日光直射和靠近高温物体，以防变形。

（2）**垫板**，用于避免绘图时墨水洇渗，偶尔会用到。

（3）**绘图纸**，羊皮纸最适合画铅笔草图，规格为16～20磅；纯棉浆纸不适合上墨线。

（4）**硫酸纸**，厚度为0.3～0.4mm。纸的一面或两面比较粗糙，或是磨砂面，绘图时要选择哑光面而不是光滑面。钢笔绘图一般绘在硫酸纸上，与绘在羊皮纸上的铅笔图相比，其具有线宽精确稳定、线条清晰、描图更容易等优点。因为硫酸纸不易损坏、不易起皱、受潮后不易变形，所以设计公司和制图机构都喜欢使用。

（5）**铅笔**，是设计师和手绘爱好者最喜欢的绘图工具，因为使用铅笔绘图很容易控制线宽和线条的浓淡，同时易于擦除和修改。与钢笔相比，铅笔绘图的主要缺点是持久性不强、易模糊、易弄脏图纸。

①**自动铅笔**，是画铅笔草图的主要工具，有不同的品牌可供选择。

铅芯有不同的硬度，最常用的有以下几种：

HB软，适用于画较宽、暗的填充线或材质线，涂抹容易且易于擦除。

▲ 自动铅笔

H中等，适用于所有线条，画在羊皮纸上效果最好，不易模糊。

2H中到硬，适用于平面图线条和精细作图。难以擦除，但不会轻易弄脏图纸。

4H硬，适用于参考线和轻描的平面图线条。笔尖较尖，使用时要控制力度，线条看上去比较淡，不太清楚。

铅笔硬度最硬可到9H，但实际手绘中很少使用。

从B到7B，铅芯硬度越来越软。软铅笔更适合素描而不适合手绘。

②**彩色铅笔**，色彩很多，分为12色、18色、24色、36色、48色。

蓝色铅笔可用于绘制参考线，复印时不会显示出来。

（6）**针管笔**，很多品牌的针管笔有储墨器，大多数的针管笔都较昂贵，使用时要注意保持清洁，高端品牌的针管笔有可一直使用的笔尖。经济实用的方法是买一套一次性免洗针管笔，同时要确保选择的是防水的颜色，而且要选择一种浓黑墨水。墨水干燥需要时间，要小心洇渗。画每一张图纸时，都要用到0.1mm、0.3mm、0.5mm、0.7mm四个等级的针管笔。

▲ 彩色铅笔

▲ 针管笔

还有一些一次性钢笔，适合手绘，不适合尺规制图。

（7）**马克笔**，属于快干、稳定性高的表现工具，有非常完整的色彩体系可供选择，因而被广泛使用。

（8）**直尺**，用于绘制直线的工具。

（9）**丁字尺**，用于绘制平行线，还可与其他工具配合使用，比如和三角板一起画垂直线。推荐丁字尺长度为60cm。

▲ 马克笔

（10）**平行尺**，对于较大的图纸可以使用平行尺，它在图纸表面滚动可画出精确的平行线。

推荐长度为92cm、107cm和122cm。

（11）**三角板**，将三角板和平行尺配合，可以画出各个方向的垂直线。用可调节角度的三角板可以快速绘制任意角度。如果三角板是塑料材质的，为了避免损坏尺子，不要用刀沿着尺子边缘切割物体或用马克笔画线。

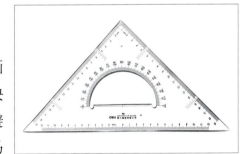

▲ 三角板

（12）**圆规**，一个质量好的圆规在画大圆时尤其重要，质量差的圆规不精确也不好用。长臂圆规，可以画更大的圆。

（13）**模板尺**，景观设计师最常用的是简单圆形模板，可以画大小不同的圆。除圆形外，还有许多其他形状的模板可以选用。

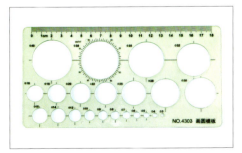

▲ 模板尺

为了防止墨水沿尺子边缘扩散弄污图纸，上墨用的三角板和模板的工作边宜有凹槽或呈斜坡状。有些模板的一侧有凸起，从而使模板与图纸之间保持一定距离。

（14）**曲线板**，有多种品牌可供选择，用于画非圆曲线，可配合铅笔或钢笔绘图。

▲ 曲线板

（15）**比例尺**，美国的建筑师和工程师比其他国家的同行更常使用比例尺。大多数国家的景观设计师使用各种类型的米制比例尺。不建议用比例尺画直线。

▲ 比例尺

（16）**铅笔刀**，用于削铅笔，使用后要记得清空铅笔屑盒。

（17）**橡皮**，每个人在绘图时都可能要改动，可揉搓橡皮适合刚开始的擦除，不会弄脏纸面，然后再用更软的橡皮把剩余的笔迹擦除。

（18）**擦图片**，修改图线时，为防止误擦，可用擦图片遮挡住要保留的线条。尤其在使用电动橡皮时，应用擦图片尤为必要。

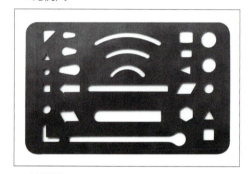

▲ 擦图片

（19）**绘图刷**，有各种尺寸，用于清理图纸上的橡皮屑等。

（20）**砂纸**，用砂纸打磨铅笔芯，磨尖或磨成楔形等。砂纸不用时可放到信封中保存。

▲ 砂纸

（21）**绘图胶带**，绘图胶带将图纸固定在图板上，质量好的胶带应该是粘得牢又易于从纸上取下。

（22）**修正液**，白色液体，可覆盖画错的图线或写错的字。

（23）**其他工具**，刚画完的钢笔线可用普通橡皮擦除或用有特殊清除液的钢笔橡皮擦除，加一点水可以更快清除墨迹。外用酒精可以清除陈旧钢笔线。

▲ 修正液　　　　　▲ 外用酒精

1.1.2 园林微景观设计比赛的设备工具与材料

▲ 绘图桌、坐凳

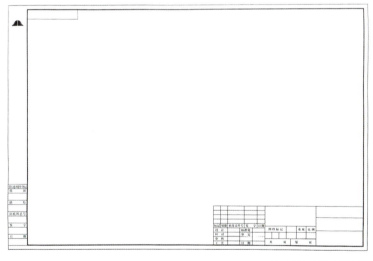

▲ 画架、图板

◀ 绘图纸（A3）

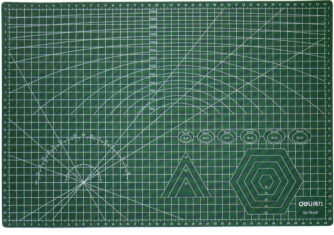

▶ 垫板（正面）

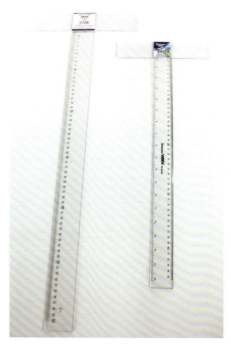

▲ 丁字尺

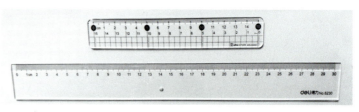

▲ 直尺

▲ 比例尺

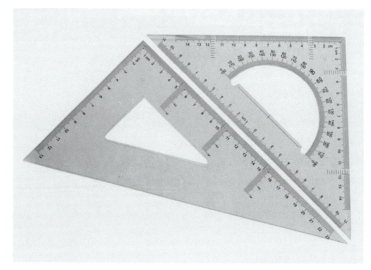

▲ 三角板

▲ 圆规

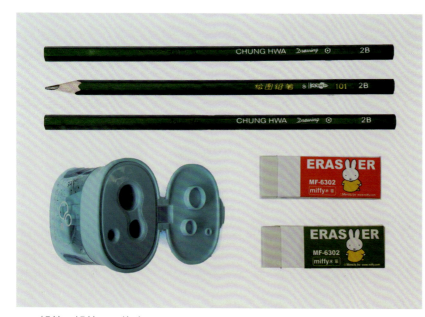

▲ 铅笔、铅笔刀、橡皮

▲ 彩色铅笔

▲ 彩色铅笔

▲ 针管笔、记号笔

◀ 马克笔

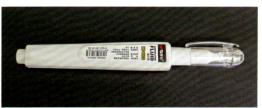

▲ 修正笔

1.2 手绘设计图面要素与表现技法

手绘设计表现是指设计师通过手工绘制图形的方式，表达设计师的设计思想和设计理念。手绘设计表现是设计构思的形成阶段，是设计思想形成的催化剂，是表现形式与设计理念的统一。

同时，手绘表现过程也是设计者构思形成的过程，手绘是这一过程的载体与记录。它是一种最快速、最直接、最简单的反映方式，也是一种动态的、有思维的、有生命的设计语言，其产生的视觉效果带有浓烈的艺术气息和独特的视觉冲击力，所以在计算机技术飞速发展的今天，手绘表现依然是不可取代的。

1.2.1 手绘设计图面基本要素

手绘设计图的图面上最基本的要素包括标题栏、指北针、比例尺等。

1. 标题栏

方案图和施工图皆要有一个布局合理的标题栏，通常放在图纸的下边或右侧。标题栏主要包括：项目名称，开发商或设计公司，项目地址，图纸标题，图纸编号，图纸比例，审核标识，修订日期，审核人，审核日期等。

▲ 下方标题栏图示

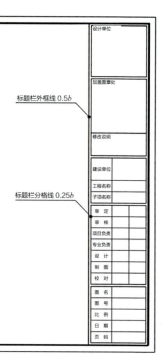

▲ 右侧标题栏图示

2. 指北针

指北针是每张景观规划平面图的必备要素，一般由一个箭头符号表示，它在平面规划图中传递重要的基本信息。当讨论基地的不同部分时，指北针是重要的方向参照。在电话交流过程中，由于不能当面指出图纸上某一位置，此时指北针的作用更为关键。而更为重要的是，指北针是理解规划设计地块朝向、风向、坡度、视线方向以及其他与方向有关问题的关键要素。

指北针形状应符合规定，其圆的直径宜为24mm，用细实线绘制；指针尾部的宽度宜为3mm，指针头部应注"北"或"N"字。需用较大直径绘制指北针时，指针尾部的宽度宜为直径的1/8。

立面图、剖面图和透视图不用画指北针。

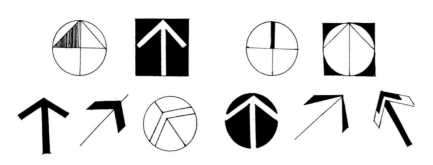

注:指北方向根据工位决定

▲ 各式指北针图示（福建经济学校陈丽绘制）

3.比例尺

每张平面图、立面图、剖面图、断面图都必须包含比例尺，以说明图示和真实景观间的尺寸关系。比例尺可以是文字、图示或二者结合，可以表达成等式或比例，代表图上距离和相对应的实际距离的比。之所以可以用比例尺测量图纸，是因为比例尺是一种不需要进行数学计算就能快速将图上距离与对应的真实距离进行转换的工具。

比例是指图纸中的图形与实物相应要素的线性尺寸之比。

（1）图样的比例，应为图形与实物相对应的线性尺寸之比。

（2）比例的符号为"："，比例应以阿拉伯数字表示。

（3）比例宜注写在图名的右侧，字的基准线应取平；比例的字高宜比图名的字高小一号或二号。

平面图 1:30   ⑥ 1:30

▲ 数字比例图示

指北针和比例尺一般紧邻布置，放在图纸的右上角或两侧。如果有标题栏，一般会包括指北针。有时指北针会与图形比例尺合并到一起。

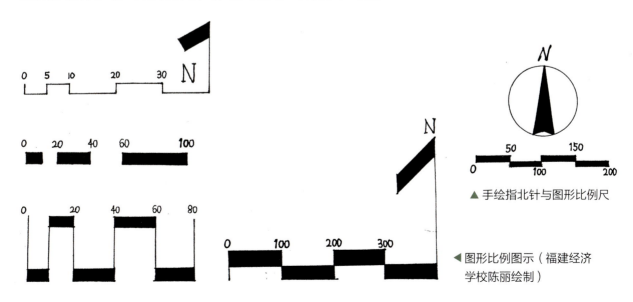

▲ 手绘指北针与图形比例尺

◀ 图形比例图示（福建经济学校陈丽绘制）

1.2.2 手绘设计图面要素的表现技法

手绘设计图的图面除了基本的标题栏、指北针、比例尺之外，更重要的是景观线条的表现、明暗阴影的表现、不同材质的表现、景观建筑的表现、景观山石的表现、景观水景的表现、景观植物的表现、人物与交通工具的表现等。

下面分别介绍各景观要素手绘表现的技法。

1.景观线条的表现技法

线条是景观手绘表现的根本，是手绘中最基础、最重要的部分，学习手绘的第一课就是练习线条，练习形式可以不限。画线条不仅是一种绘画技巧，也是设计手绘表现的基本语言和表现形式，在学习手绘之前就要对它进行了解。所以，练习好画线条是开始手绘的根本，是学习手绘不可缺少的步骤。

在景观手绘表现中，线条的表现形式有很多种，常见的有直线、折线、曲线、抖线、乱线等。下面对这几种线条进行简要的介绍。

（1）直线

直线是点在同一空间沿相同或相反方向运动的轨迹，其两端都没有端点，可以向两端无限延伸。在手绘中，所画的直线有端点，类似线段，这样画是为了线条的美观和体现虚实变化。

直线的特点是笔直、刚硬，手绘表现中直线的"直"并不是说像尺子画出来的线条那样直，只要视觉上感觉相对直就可以了。

手绘直线需要注意以下绘制技巧：

①线条要保证两头重中间轻。

②线条要保证整体的趋势是直的，局部可以稍微弯曲。

③短线条应当一次绘制，长线条可以适当分段绘制。

④线条相接处应保证出头，但不可出头过长。

手绘直线时需要避免的错误如下：

①多次重复绘制一段线条。

②线条收笔不及时，尾端带有小钩。

③线条过碎，一段线条分多次绘制。

直线的练习方法有很多，可以先单独绘制线条，在有了韵律感后再限定一块区域练习各个方向的排线。在练习排线的过程中，要注意两头齐，线条要密集，速度要快，忌断线，方法要正确，练习量要多。最后，画直线时需将力度均匀分配到整个手臂，整个手臂要整体拖动。注意一定要放松心情，不要憋着一口气画；一定要在心情比较平静时画图，才容易画好。

（2）曲线

曲线在手绘中也是很常用的线型，它是非常灵活且富有动感的一种线条，体现了整个表现过程中活跃的因素。画曲线一定要灵活自如，一定要强调曲线的弹性与张力。在练习曲线的过程中应注意运笔的笔法，多练习中锋运笔、侧锋运笔、逆锋运笔，从中体会不同的运笔带来的效果。练习画曲线、折线时，应放松心情，这样画出的线才能达到行云流水的效果，从而赋予线条生动的灵活性。

（3）抖线

抖线是笔随着手的抖动而绘制的一种线条，其特点是变化丰富、机动灵活、生动活泼。抖线讲究的是自然流畅，即使断开，也要从视觉上给人以连续的感觉。

抖线可以排列得较为工整，通过抖线的有序排列可以形成疏密不同的面，并组成画面中的光影关系。抖线可以穿插于各种线条之中，与其他线型组织在一起构成空间的效果。

（4）乱线

乱线也叫植物线，画线时尽量采取手指与手腕相结合摆动的方式。乱线的表现方式有很多种，常见的有以下几种：

① "几"字形线条，用笔相对硬朗，常用于绘制前景树木的收边树。

② "U"字形线条，用笔比较随意，常用于绘制远景植物。

③ "M"字形线条，用笔比较常见，常用于绘制平面树群。

④ "针叶"形线条，用笔要按树叶的肌理进行绘制，注意其连贯性与疏密性，常用于绘制前景收边树。

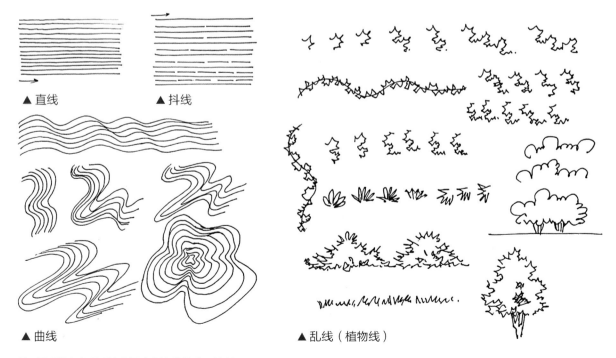

▲直线　　▲抖线

▲曲线　　▲乱线（植物线）

注：景观线条表现手法由福建经济学校陈丽绘制

2.明暗阴影的表现技法

明暗与阴影的表达，直接影响景观的透视关系，这是最直接呈现在人们视觉上的效果，利用光影现象可以更真实地表现场景效果。

有光线的地方就会有阴影出现，两者是相互依存的。反之，我们可以根据阴影寻找光源和光线的方向，从而表现一个物体的明暗调子。

首先要对对象的形体结构有正确认识和理解。因为光线可以改变影子的方向和大小，但是不能改变物体的形态结构。有的物体并不是规则的几何体，所以各个面的朝向不同，色调、色差、明暗都会有变化。有了光影变化，手绘表现才有了多样性和偶然性。因此，我们必须抓住形成物体结构的基本形状，即物体受光后出现受光部分和背光部分以及中间层次的灰色，也就是我们经常所说的三大面。亮面、暗面、灰面就是光影与明暗造型中的三大面，它是三维物体造型的基础。尽管如此，三大面在黑、白、灰关系上也不是一成不变的。亮面中有最亮部和次亮部的区别，暗面中有最暗部和次暗部的区别，而灰面中有浅灰部和深灰部的区别。

手绘画面的色调可以用粗细、浓淡、疏密不同的线条来表现，绘画时应注意颜色的过渡。不同线条、不同方向的排列组合，给人不同的视觉感受。画面中的黑、白是指画面颜色明度所构成的明度等级，并不是单指画面中的纯黑、纯白，而是相比较而言的。因此，在绘画作品中的黑、白是相对而言的。

光影与明暗的表现方法如下：

（1）单线排列

单线排列是画阴影时最常用的表现方式，从技法上来讲就是把线条排列整齐。注意：线条的首尾咬合，物体的边缘线相交，线条之间的间距尽量均衡。

（2）线条组合排列

组合排列是在单线排列的基础上叠加另一层线条排列的结果，这种方法一般会在区分块面关系时用到。叠加的那层线条不要和第一层单线方向一致，而且线条的形式也要有所变化。

（3）线条随意排列

这里所说的随意，并不是放纵的意思，而是线条在追求整体效果的同时，显得更加灵活一些。

（4）线与点的结合表现

在手绘表现中，线与点结合的表现也是一种常用的方式。手绘图中用点表现光影有很好的效果，但是耗时比较长，用的频率也较少。而用点画法配合线画法表现画面的光影与明暗，通常可以达到事半功倍的效果。

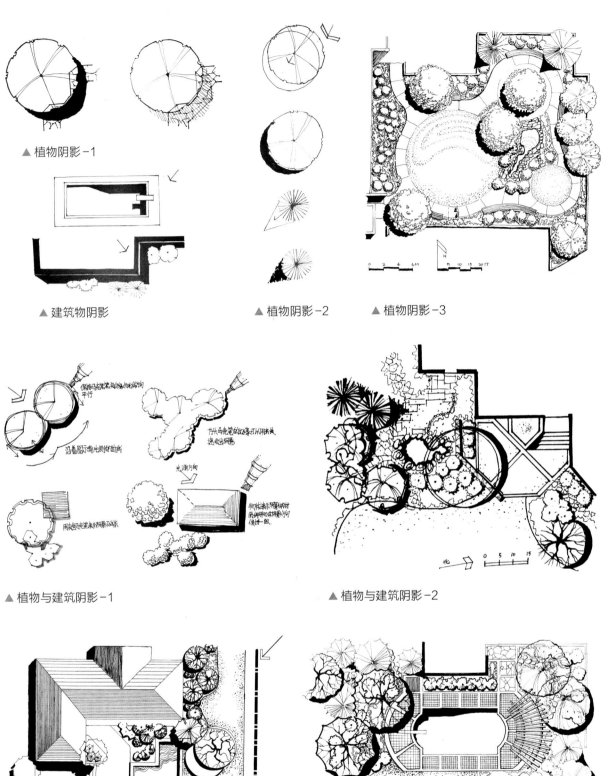

▲ 植物阴影-1

▲ 建筑物阴影

▲ 植物阴影-2

▲ 植物阴影-3

▲ 植物与建筑阴影-1

▲ 植物与建筑阴影-2

▲ 植物与建筑阴影-3

▲ 植物与建筑阴影-4

注：此页手绘图由郑州市财贸学校王远绘制

3.不同材质的表现技法

　　材质在线稿画面中是区分体块间关系的媒介，不同材质在线条上的表达是不同的，因此处理材质的明暗关系时要有虚实变化。材质的搭配应根据实际情况而定，在画面的处理中可以根据需要进行调整。

　　材料的质感与肌理虽然是一种视觉的印象，但是在表现图中却可以通过色彩与线条的虚实关系进行体现。通过了解与归纳各种材料的特性，可以赋予各种材质不同的图像特征。例如，玻璃的通透性与反光、金属材料强烈的反光与对比、凹凸不平的混凝土等都是材料的固有视觉语言。对材料质感与肌理特征的表达，关键在于抓住其固有特性，然后刻画其纹理特征以及环境反光等。

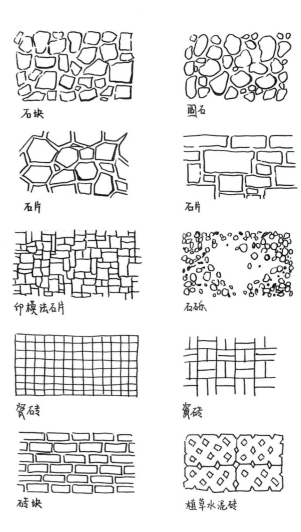

石块　　　　　　圆石

石片　　　　　　石片

印模法石片　　　石砾

瓷砖　　　　　　瓷砖

砖块　　　　　　植草水泥砖

◀ 不同材质铺装材料手绘
　表现（杭州科技职业
　技术学院沈章楠绘制）

4.景观建筑的表现技法

建筑手绘表现技法是指通过手绘的方式，表现出建筑物的外观、结构和空间关系等。

使用不同类型的纸张和笔，掌握各种线条绘制的技巧，如直线、曲线、交叉线等，可以准确表达建筑物不同的形状轮廓。

采用透视原理，如近大远小、近实远虚、近稀远密等，可以增强建筑画面的空间感和立体感。

掌握构图的基本原则，如对称、黄金分割等，可以提升建筑画面的美感和视觉冲击力。

通过建筑物明暗关系的表现，如亮部与暗部的色差，可以增强建筑物的光感和立体感。

在画面中添加适当的配景，如植物、人物、车辆等，可以丰富建筑物画面的内容和层次感，如下方彩图所示。

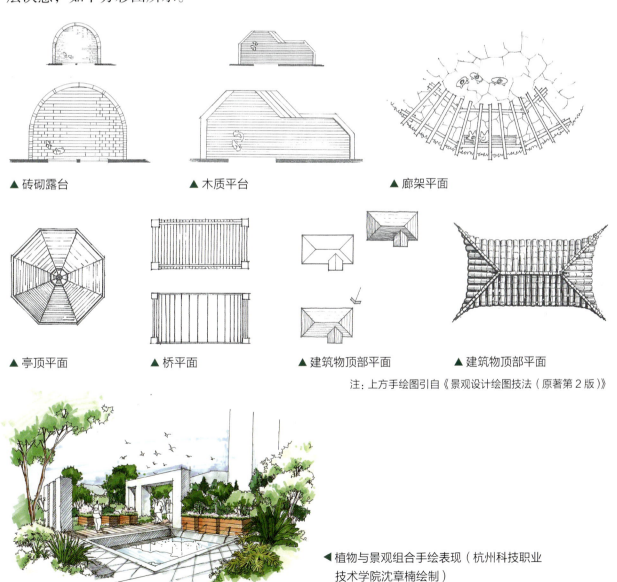

▲ 砖砌露台　　　　　　　▲ 木质平台　　　　　　　▲ 廊架平面

▲ 亭顶平面　　　▲ 桥平面　　　▲ 建筑物顶部平面　　　▲ 建筑物顶部平面

注: 上方手绘图引自《景观设计绘图技法（原著第2版）》

◀植物与景观组合手绘表现（杭州科技职业技术学院沈章楠绘制）

5.景观山石的表现技法

山石是园林构景的重要素材，如何表现这些构景素材，是园林景观设计学习的重要部分。石的种类很多，园林常用的石有太湖石、黄石、青石、石笋、花岗石、木化石等。不同石材的质感、色泽、纹理、形态等特性都不一样，因此画法也各有特点。

山石表现要根据结构纹理特点进行描绘，通过勾勒其轮廓，把黑、白、灰三个层面表现出来，这样石头就有了立体感，不可把轮廓线勾画得太死，用笔需要注意顿挫曲折。

中国画的山石表现方法能充分表现出山石的结构和纹理特点，中国画讲究的"石分三面"和"皴"等，都可以很好地表现山石的立体感和质感。

总体来说，表现山石时用线要硬朗一些，但因其本身特征的不同也有一些区别。石头的亮面线条硬朗，运笔要快，线条有坚韧之感；石头的暗面线条顿挫感较强，运笔较慢，线条较粗较重，有力透纸背之感。而同样在其边上的新石块边角比较锐利，故用笔硬朗随意，如图所示。

▲ 杭州科技职业技术学院俞安平绘制

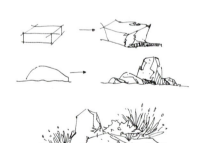

◀福建经济学校黄嘉莹绘制

▲ 块石、水景、植物组合手绘表现（杭州科技职业技术学院沈章楠绘制）

6.景观水景的表现技法

俗话说"有山皆是园，无水不成景"，可见水在景观中的重要性。水景是园林景观表现的重要部分，水景在园林景观中的运用就是利用水的特质和流动性来贯通整个空间。水是园林的血脉，是生机所在，除了在生态、气象、工程等方面有着不可估量的价值外，还对人们的生理和心理起着重要的作用。水的形态多种多样，或平缓或跌宕，或喧闹或静谧。景物在水中产生的倒影也具有较强的观赏性，在景观中加入水的元素不仅可以活跃气氛，还可以丰富景观层次。

画水就要画出它的特质，画它的倒影，画它波光粼粼的感觉。水体的表现主要是指水面的表现，水有静水和动水之分。

（1）静水是指相对静止不动的水面，水明如镜，可见清晰的倒影。表现静水宜用平行直线或小波纹线，线条要有疏密断续的虚实变化，以表现水面的空间感和光影效果。

（2）动水是相对静水而言的，是指流速较快的水景，如跌水、瀑布、喷泉等。所谓"滴水是点，流水是线，积水成面"，形象概括了水的动态和画法。表现水的流动感时，用线宜流畅洒脱。在水流交接的地方，可以表现水波的涟漪和水滴的飞溅，使画面更生动自然。

水是无形的，表现水的形式就要表现水的载体和周边的环境，水纹的多少表现了水流的急与缓。

▲ 水景、植物、块石组合手绘表现（杭州科技职业技术学院俞安平绘制）

▲ 自然式水景　　　　　　　　　　　　　　▲ 石墙与水景

注：上方手绘图由大连市建设学校姜馨绘制

▲ 水景、植物、块石组合手绘表现（杭州科技职业技术学院沈章楠绘制）

7.景观植物的表现技法

植物作为景观中重要的配景元素，在景观设计中占的比例非常大，植物表现是景观手绘表现中不可缺少的一部分。自然界中的树木花草千姿百态，各具特色，各种树木的枝、干、冠等决定了其形态特征。因此学画树木之前，首先要学习观察树木的形态特征以及各部分的关系，了解树木的外轮廓形状，学会对形体的概括。初学者在临摹过程中要做到眼到、手到、心到，学习他人在树形的概括和质感的表现处理上的手法与技巧。只有熟练地掌握不同植物的形态，画的时候才能下笔有神。

在景观设计中运用得较为广泛的植物主要分为乔木、灌木、草本、棕榈四大类。每一种植物的生长习性不同，形态各异。植物对于画面表达的影响较大，需要重点练习。

（1）植物近景、中景、远景的表现

因植物在画面中前后关系不尽相同，所以一般将植物分为三类，即近景植物、中景植物和远景植物。了解和熟练表达出这三类植物的特点，可以帮助我们表现画面的层次感，对于构图也很有帮助。

在刻画不同场景的植物时需要注意其对应的特征，并且在表达过程中需要处理好植物与植物之间的过渡关系。

①近景的树。一般前景的树在表现时应突出形体概念，更多的时候只需要画出植物的局部以完善构图收尾之用。表现过程中需要注意以下几点：

a.位置应偏向画面的一边，不可居中。

b.枝叶的粗细应当明显。

c.黑、白、灰关系应当明确。

d.前后关系的表现应当突出。

②中景的树。画中景的树需要刻画详细，以表现出其穿插的关系，应做到以下几点：

a.清楚地表现枝、干、根各自的转折关系。

b.画枝干时注意上下多曲折，忌用单线。

c.小树、嫩叶用笔可快速灵活。

d.树木结构多，曲折大，应描绘出其苍老感。

e.树枝表现应有节奏美感，"树分四枝"即指一棵树应该有前、后、左、右四面伸展枝丫，才有立体感。

③远景的树。远景的树在刻画时一般采取概括的手法，只要表达出整体关系，体现出树的形体。因此，表现时应当保持结构清晰、体块明确和枝叶简约。

在把握基本的表达要点的基础上，需要多加练习才能充分理解各个要点对于画面表达的作用。

（2）乔木的表现

乔木是指树身高大的树木，由根部生长出独立的主干，树干和树冠有明显的区分，与低矮的灌木相对应。松树、槐树、杨树、柳树等都属于乔木类。同时，按落叶与否分为落叶乔木、常绿乔木；按高度又可分为伟乔、大乔、中乔、小乔。乔木在景观设计中是最常用的植物之一，无论在功能上还是艺术处理上都起着主导作用，可以界定空间、提供绿荫、调节气候等。

在画乔木之前，可以先把它当成一个体块关系来分解，从而更容易理解它的穿插构造，然后画乔木就会比较轻松。

树的体积感是由茂密的枝叶所形成的。在光线的照射下，迎光的一面较亮，背光的一面则较暗；里层的枝叶由于处于阴影之中，所以最暗。自然界中的树木明暗很丰富，可概括为黑、白、灰三个层次关系。在手绘草图中，若树木只作为配景，明暗不宜变化过多，不然会喧宾夺主。

一般画乔木分为五个部分：根、干、梢、枝、叶。从树的形态特征看，有缠枝、分枝、细裂、节疤等，树叶有互生、对生的区别。了解这些基本的特征，有利于我们快速地进行表现。画树先画树干，树干是构成整体树木的框架，注重枝干的分枝习性，合理安排主干与次干的疏密布局安排。

在掌握乔木的基本表达方法后，就可以参照相关案例模仿刻画不同类型的乔木，熟练之后也可以尝试复杂树木的刻画。

（3）灌木的表现

灌木和乔木都属于木本植物，但灌木的植株相对矮小，没有明显的主干，呈丛生状态。一般可分为观花、观果、观枝干等几类，是矮小丛生的木本植物。常见的灌木有迎春、月季、紫叶小檗、金叶女贞、瓜子黄杨、铺地柏等。

灌木形态多变，线条讲究轻松灵活，需要多练习、多感受。

单株的灌木画法与乔木相同，只是没有明显的主干，而是近地处枝干丛生。灌木通常以成片种植为主，有自然式种植和规则式种植。多株的画法大同小异，注意疏密虚实的变化，应进行分块，抓大关系，切忌琐碎。

作为低矮的树丛，灌木可以起到分隔空间、丰富景观的作用，因此在景观表达中较为常用。而不同类型的灌木可以丰富画面的表达，在练习过程中可以多加尝试，参考不同风格、不同类型的灌木表达。

（4）草本植物的表现

草本植物与木本植物最大的区别就是木本的内芯坚硬，草本植物的茎是草质茎。

草本植物根据其生长规律，大致可以分为直立型、丛生型、攀援型、匍匐型等，表现时注意画大的轮廓以及边缘的处理可若隐若现，边缘处理不可太呆板。

设计中常用到的草本植物有向日葵、芦苇、菊花、兰花、荷花、君子兰、郁金香、仙人掌等。

若花草作为前景，则需要就其形态特征进行深入刻画，要尽量表达出叶片之间的结构关系和遮挡关系；若作为远景则可以稍微带过。表现草坪时除要注意它在画面中的虚实空间感外，还要注意表现一些结构，让草坪有厚度感。

（5）棕榈科植物的表现

棕榈科植物是单子叶植物中唯一具有乔木习性的植物，其部分属于乔木，也有一些属于灌木。因为画法和乔木有很大不同，所以要单独列出来讲解。设计中常用到的有棕榈、丝葵、蒲葵、海枣、槟榔、大王椰子、酒瓶椰子、刺葵、散尾葵等。

棕榈植物的叶片多聚生茎顶，形成独特的树冠。一般每长出一片新叶，就会有一片老叶自然脱落或枯干。在表达过程中需要了解植物的特征，熟悉其生长结构，最后对其形体进行简要概括。

棕榈科植物表现的要点有以下三点：

①先根据生长形态把基本骨架勾画出来，再根据骨架的生长规律画出植物叶片的详细形态。

②在完成基本骨架之后，再进行植物形态与细节的刻画。

③注意树冠与树枝之间的比例关系。

（6）植物的组合表现

在园林景观设计中，植物都是以组合种植的形式出现，即由不同功能的组织植物在场景里的搭配形式。熟悉了植物配置的功能作用后，可以设计出多种多样的植物组合形式。作为效果图配景的一部分，对植物的刻画不同于风景写生，需要进行一定的简化，使之融入画面。

在手绘图中，树木花草种类繁多且形态各异，可以给空间带来诸多活力，是效果图表现的一个重要内容，在构图方面也可以起到衬托主体、协调画面平衡的作用。

①植物组合的基本处理手法

当植物组合内容过多时，需要把它们概括为几何形态。以单独的树为例，画树先画枝干，树干具有向空间四周伸展的生长规律，而树的明暗关系是建立在对几何明暗规律理解的基础上，再重点刻画树的边缘和明暗交界处的树叶。同样，植物组合无非就是先确定不同的几何体块，用以区分不同的单体植物，然后再去刻画相应的单体上的植物特征细节，并在单体与单体交接的地方做一些区分处理。

②构图位置的安排

近景植物的安排在视点上会偏向一边，容易吸引视线，可以调整因画面体量不同所产生的失衡，形成视觉心理上的稳定感。而中远景植物尽管在处理上相对较弱，但也要考虑其位置所起的画面平衡作用。

③刻画程度的把握

近景的植物刻画要深入，大到植物的枝干穿插，小到枝叶重叠，都应该表现得淋漓尽致。植物的形体选择要考虑特定空间的功能需要，讲究错落有致和形状的变化，远景植物因其位置靠后，枝叶不必过多刻画，表现上可以概括从简。

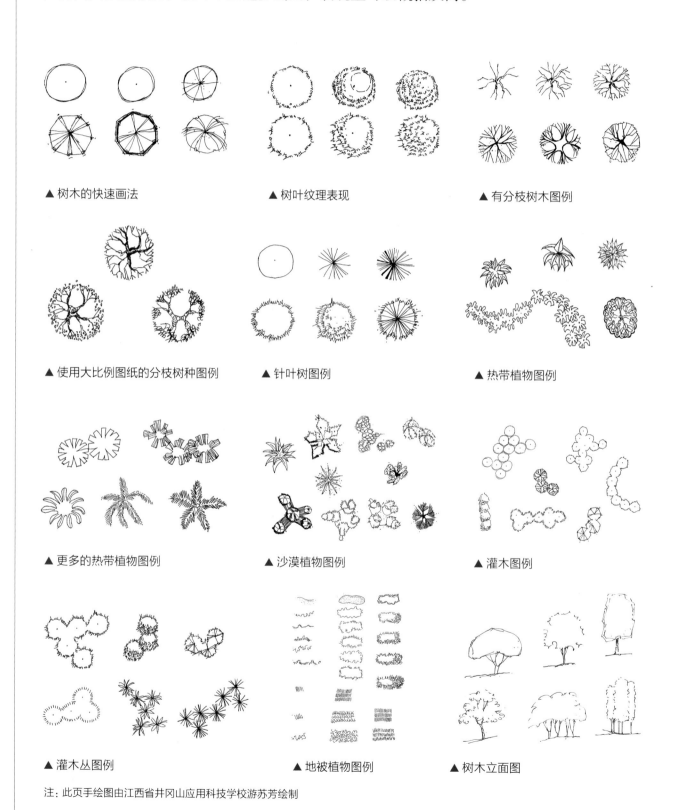

▲ 树木的快速画法　　　　　▲ 树叶纹理表现　　　　　▲ 有分枝树木图例

▲ 使用大比例图纸的分枝树种图例　　▲ 针叶树图例　　　　　▲ 热带植物图例

▲ 更多的热带植物图例　　　　▲ 沙漠植物图例　　　　　▲ 灌木图例

▲ 灌木丛图例　　　　　　　▲ 地被植物图例　　　　　▲ 树木立面图

注：此页手绘图由江西省井冈山应用科技学校游苏芳绘制

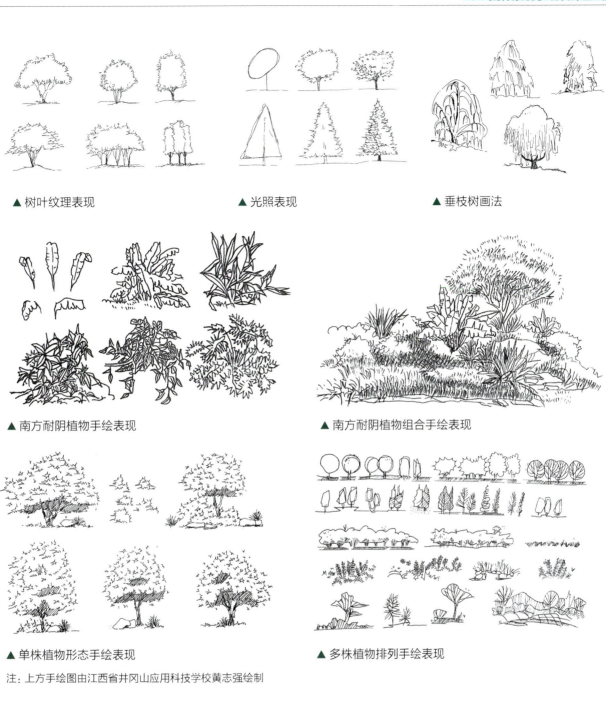

▲ 树叶纹理表现 ▲ 光照表现 ▲ 垂枝树画法

▲ 南方耐阴植物手绘表现 ▲ 南方耐阴植物组合手绘表现

▲ 单株植物形态手绘表现 ▲ 多株植物排列手绘表现

注：上方手绘图由江西省井冈山应用科技学校黄志强绘制

◀ 多种植物组合手绘表现（杭州科技
职业技术学院沈章楠绘制）

8.景观人物的表现技法

在进行景观空间表现时，需要熟练掌握不同景观元素的表达，而常用的景观元素包括人物、建筑、交通、树木、地形、天空等，我们要对它们的形态进行整合，形成特定的造型，概括于纸面上。在空间表现前期，多进行一些这方面的技巧训练是十分必要的。然而画好这些基本的元素并非是套公式，它只是帮助我们对特定对象进行快速表达，理解其中的比例、结构，从而快速掌握其基本画法。

人物配景的快速表现：一般而言，表现图中的人物身长比例为8～10个头长，看上去较为利落、秀气。在画远处的人物时，可先从头开始，按头部、上肢、躯干、下肢依次刻画，着眼于重大的关系与姿态，用笔干净利落，不必细化，近处人物应当表现得清晰一点。

人物表现要点有以下几个方面：

（1）近景人物注意形体比例，可刻画表情神态，远景人物注意动作姿态。

（2）画面上较远位置出现的人群可省略细部，保留外部轮廓。

（3）近处人物的刻画可参考时装画中的人物画法，如双腿修长。

（4）具体构图时，不要使人物处在同一直线上，否则较呆板。

（5）众多人物的安排，头部位置一般放在画面视平线高度，这样具有真实感。

（6）男女的表现，除衣服上的区别外，还可以调整人体各部分宽度、比例。男性肩部宽阔臀部较小，线条棱角分明；女性肩部较窄，胯与肩同宽，线条圆润。

要快速画出简单的人物，首先需要对人物的比例关系有一个基本了解，理解人物比例后才能快速画出人物的各部分。先从头部开始，然后画出矩形躯干，接着加入四肢，一定要控制好比例关系。如果要让人物生动，可以把头部稍微左右扭动一点，以便呈现出特定的姿势。

注：上方手绘图引自《景观设计绘图技法（原著第2版）》

9.交通工具的表现技法

设计图的目的在于表现出设计意图，因此通过交通工具配景以表现场景的氛围非常重要。整体氛围的繁华或者清幽，都离不开这些配景的表现。

在描绘大多数交通工具的时候，将车按照比例关系分为三层。通常可以先画中间层，将车身正面的车盖、车身、车灯等绘制出来，接着处理顶层的车顶、车架和挡风玻璃，最后是底层的底盘、轮胎和保险杠。

车的表现要点如下：

（1）注意交通工具与环境、建筑物、人物的比例关系，要增强真实感。

（2）画车时，以车轮直径的比例确定车身的长度及整体比例关系。

（3）车的窗框、车灯、车门缝、把手和倒影都要有所交代。

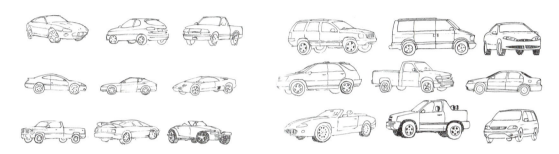

注：上方手绘图引自《景观设计绘图技法（原著第2版）》

10.景观着色的表现技法

色彩是线稿设计后的进一步深化，如何根据想要的方案效果去运用合适的笔触与色彩搭配是表达的基础。在效果图表达的过程中需要明确画面中建筑与景观之间的关系，在确定画面前后、虚实、明暗和色彩的大关系后，对其进行细部的深入刻画，使之具有更佳的表现效果。

（1）景观植物着色表现

园林景观中的植物依据其大小大致可以分为乔木、灌木、草本植物三大类，主要以植物的大小作为区分方法。

下面介绍乔木与灌木的着色表现。

①乔木的表现方法

a.根据乔木的生长形态特点，完成基本的形体刻画。

b.从乔木的向光面开始上色，由浅到深完成整体的色彩关系的铺设。

c.加强植物间的色彩明暗对比，同时对植物的枝干、叶片进行更加深入的刻画，调整整体的画面效果。

②灌木的表现方法

a.根据灌木的特点勾画出大概的形体，线稿阶段不宜刻画得过于深入，能保持大概的形体关系就好。

b.设置光线的来源方向，铺设亮面与暗面的色彩，亮面的色彩与暗面的色彩要有明确的明暗对比。

c.刻画外轮廓时应适当放松，不宜画得太紧凑。

d.调整画面整体色彩，在亮面适当增加一点枝叶的细节，可以让画面更加生动。

（2）山石水景着色表现

园林景观设计中，在表现其材质、动静时，运笔要干脆。根据不同石材表现不同的色彩，最主要的是表现出石头的体块感。水是有深有浅的，自然用色也要有所考虑，选择不同色阶的马克笔，要注意运笔的方向，并注意流水的方向和速度等。

（3）天空着色表现

天空的上色表现有多种方法，常用的有四种，分别为排线过渡法、色块平涂法、快速排线法和彩铅画法。在景观中表现天空主要是起衬托作用，应避免喧宾夺主。

A.排线过渡法：从一个方向到另外一个方向，由浅到深，整体受光变化的影响。

B.色块平涂法：马克笔大色块平涂，画出云的感觉，这样显得背景更加自然。

C.快速排线法：为画云而画云，线条自由、奔放，可以极好地活跃画面空间。

D.彩铅画法：以蓝色系的彩铅统一从一个角度和方向排列线条，由前往后，前重后淡，并预留出想要的云朵形状。

（4）人物着色表现

人物着色表现很简单，不一定要像画服装人物那样面面俱到，运用简单色块表达明暗关系即可。景观人物在空间中应该起到点缀、活跃画面的作用，动静结合让空间富有生命力。

◀景观建筑、水景、
植物着色表现
（福建经济学校
林铠燕、黄嘉莹
绘制）

1.3 手绘设计构图的原则与形式

在景观效果图绘制中，应掌握透视"近大远小、近高远低、近宽远窄、近疏远密"等基本原则，同时运用几种基本的构图方式，恰当地组织透视图的构图关系，提高效果图的表现力。在进行景观线稿综合表现时，需要注意视点和视平线高度的选择，运用合理的尺度与构图以得到一幅完美的画面。

1.3.1 景观构图基本原则

构图最重要的是在特定区域里组合、安排素材的关系及明暗、色调、纹理的处理。构图方式和排版的基本原则如下：

（1）**对位原则：**为了提高绘图速度，在排版的时候可以利用上下左右的对位排版作为相互的参考，以便提高作图速度。

（2）**扬长避短原则：**如果你的优势是效果图，就可以把效果图放在最重要的位置并尽可能地放大效果图；如果你的平面图设计、布置都很好，可将效果图摆放在重要的位置而不用放大，各图类相辅相成。在此基础上结合观赏中人的视觉移动习惯，合理布置表达图面便能达到理想的效果。

（3）**饱满原则：**指最终的图面效果不能有过空的地方或大面积留白。

（4）**快题感原则：**在绘图时要尽可能利用一些具有快速表现特征的表现技法。注意排版要做到紧凑（图面不要空），匀称（因为底层平面图线条比较密，剖面图线条比较重，所以排版时应注意不要挤在一起）。

面对设计案例，要因地制宜，形式不过是表象，而设计的本质是处理好场地问题和场地关系。形式与功能、流线的协调体现在快题中，就是对气泡图进行深化。在这个过程中，将松散的圆圈和箭头变成具体的形状，可辨认的物体将会出现，实际的空间将会形成，精准的边际将会被画出，实际物质的类型、颜色和质地也会被选定。

在深化中，会有两种不同的设计思维模式，一种是以逻辑为基础和几何图形为模板。其设计出来的形式高度统一。这样的设计更加方便处理，因为其是有规律地重复组合排列，只在大小上变化，因而更容易达到整体上的协调统一。另一种是以自然的形体为模板，这种设计所体现出来的意境更深远，使感性与设计结合。这两种模式都有内在结构，在设计中无须绝对区分。换句话说，在处理好功能和流线之后，形式是可以由人们随心确定的。

在快题中，采用几何模式还是自然模式，取决于设计师想表达的氛围和情感。如果想表达的是强烈的序列感和指向性，则可以采用直线构图，如纪念性公园。如果想让人觉得轻松自在且有探索性，可采用自然模式，如植物园。然而几何和自然是不可割裂的，一个综合性公园可能会出现两种不同的构图风格。

1.3.2 常用景观构图形式

（1）**对角线构图**。把主体安排在对角线上，能有效利用画面对角线的长度，同时也能使陪体与主体发生直接关系。对角线构图富于动感，显得活泼，容易产生线条的汇聚趋势，吸引人的视线，达到突出主体的效果（如聚光灯照射主体）。

（2）**对称式构图**。具有平衡、稳定、相对的特点。缺点：呆板，缺少变化。常用于表现对称的物体、建筑、景观及特殊风格的物体。

（3）**变化式构图**。景观的重心安排在某一角或一边，作为视觉中心点进行深度刻画，使其成为构图中分量比较大的一部分。在其他部分则进行虚空留白处理，使整个构图处于动态式的变化。

（4）**均衡式构图**。给人以稳固安定的感觉，画面结构完美无缺，安排巧妙，对应而平衡。

（5）**三角形构图**。以三个视觉中心为景物的主要位置，有时是以三点成面的几何构成来安排景物的位置，形成一个稳定的三角形。这种三角形可以是正三角形，也可以是斜三角形或倒三角形。其中斜三角形较为常用，也较为灵活。三角形构图具有安定、均衡、灵活等特点。

▲ 对称式构图

▲ 变化式构图

▲ 均衡式构图

▲ 三角形构图

注：上方手绘图由福建经济学校林铠燕、黄嘉莹绘制

1.4 手绘设计草图的作用与特性

在景观方案设计的初步阶段，景观构思草图是方案设计的源头，是设计师通过绘制图形的方式，表达自己想法和设计理念的视觉传达手段。草图是捕捉转瞬即逝的灵感的方式，在千变万化的设计过程中，绘制草图的过程是一个推敲的过程，也是设计创作形成的过程。

设计师通过对场地的观察记录，用简单的线条，表达场地的空间及其组合、周围环境和人体尺度给人的感受。当设计师把收集到的信息组织成设计语言时，通过手脑的结合，把抽象的思维落实到具体的设计中，就形成了初步的设计草图。尤其在平面推敲阶段，设计草图可推敲场地空间，思考各种合理的可能性。在空间设计中，场地效果图的推敲同样从快速草图开始不断深化完善。

手绘设计草图是设计人员了解社会、记录生活、再现设计方案、推敲设计方案、收集资料时所必须掌握的绘画技能。一个好的设计构思如果不能快速地表达出来，就会影响设计方案的交流与评价，甚至由于得不到及时的重视而最终被放弃。因此，手绘设计草图对设计人员来说是交换信息、表达理念和优化方案的重要手段。

1.4.1 手绘草图的分类与作用

从总体来看，设计师所绘制的草图可分为分析性草图、意向性草图和中期性草图。

1. 分析性草图

分析性草图是对设计任务初步分析和理解的过程，主要是指在设计过程中为了寻求设计的解答方案而做的"图示"尝试。这样的草图往往带有鲜明的个人特征，甚至很难被他人识别。但是对于设计者本人而言，这里面蕴含着设计走向下一步的重要"基因"。很多成功的景观，其主要特征往往在设计最初的草图中就埋下了伏笔，这样的草图涉及的思维方式以发散思维为主。

2. 意向性草图

意向性草图是对分析性草图的深化，是针对设计任务提出设计意向所绘制的草图。在实际设计过程中，这两种方式的草图之间是相互渗透的。分析性草图在不断推进过程中，需要不断地明确和界定设计理念，思路明朗得益于意向性草图的准确定位。如果把一次设计过程看作是一次航行，那么意向性草图则是锚，在需要的时候暂停下来，等待下一次启动；而分析性草图犹如船帆，面向目标，不断调整方向以找到最合理的航行路线。

3. 中期性草图

中期性草图是为了表达设计观念、策略而绘制的草图，表达的接受者可以是他人，也可以是设计者本人。这类草图所要求的是信息传递清晰、明确，它是对前两个过程的归纳总结。从平面图来看，这个时期往往是把前期设计草图的想法落地实施为设计的阶段，考虑实际场地情形、文化背景等因素，合理地推敲平面设计草图，不断深入调整概念设计并最终形成具象的平面设计。在推敲设计平面方案的时候，同时也要结合竖向设计。可以勾勒立面草图，不断推敲，得到立面的初步效果。所以在中期阶段，平面、立面互相渗透，应互相推敲进行设计。

1.4.2 手绘草图的特性

草图是表达设计的最初想法，是设计过程中的重要环节，主要用于表达设计的意图和效果。草图主要有以下三个特性：

1.艺术性

草图是绘画艺术与建筑艺术的高度结合和渗透，营造出了多彩多姿的艺术效果，具有独特的实用功能和审美价值。草图既像素描那样有在对明暗的理解和运用上的灵活性技巧，又像速写那样有对生活的理解和情感中产生的魄力，也有把握整个画面的气势和局部的大效果。手绘草图用笔时应大胆挥洒，线条会随之自然流畅。

2.快速性

草图是一个快速表现的过程，它能随时随地很快地表达设计者的思维，能帮助设计师将稍纵即逝的构思和灵感快速地记录下来，也就是把设计师丰富的形象思维和抽象思维尽快地表现为可视图形，使构思更成熟，给予意念以形象，将抽象的思维从头脑中转化成具体的形象，并通过徒手表达的形式快速表现出来。

3.易于推敲性

绘制草图的过程即为一个推敲的过程。从简单的线条变化，再到创造性活动过程中，不断地需要将头脑中的图形、形体、空间、组合等在草图上进行进一步的修改加工，并不断推敲完善。

▲ 公园设计草图

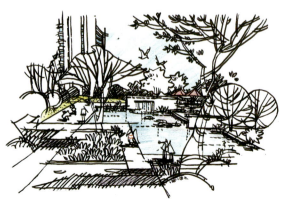

▲ 公园设计草图（杭州科技职业技术学院
沈章楠绘制）

1.5 手绘设计分析图的表现方式

手绘分析图在景观设计前期至关重要，一张好的分析图是景观设计的开始。手绘景观分析图呈现的内容较为功能化，能体现设计的功能是否合理。

1.5.1 手绘分析图的种类

1.功能分区的定义

功能分区就是将各功能部分的特性和其他部分的关系进行深入、细致、合理、有效的分析，最终决定它们各自在基地内的位置、大致范围和相互关系。功能分区常依据动静原则、公共和私密原则、开放与封闭原则进行分区，也就是在大的景观环境或条件下，充分了解其环境周围及邻近实体对人产生相互作用的特定区域，是人与环境协调的焦点。由此，我们可以将景观功能分区理解为充满了无限的生动性和灵活性，也有无数的不确定性。功能分区是人与环境切合的焦点，也是一个景观构成的重要设计环节。

2.分析图种类

分析图可分为植物分析图、景观分析图、交通流线分析图、照明分析图、人行流线分析图、车行流线分析图、竖向分析图、消防分析图、日照分析图、户型分布图、视线分析图、道路分析图、功能分析图、场地分析图、功能分区分析图、景观结构分析图和景观视线分析图等。

1.5.2 手绘分析图的表现方法

分析图的绘制分为两种情况：一种是平面图所占的图幅不大，纸张为透明的拷贝纸或硫酸纸，具备条件来实现蒙图。这样绘制的分析图比较准确且节省时间。另一种是不具备蒙图的条件，需要另画缩小的简易平面图，在缩小的平面图的基础上绘制分析图。需要注意的是，简易平面图对准确性要求不高，只要能表明主要关系即可。我们在快题绘制中遇到的情况大多数是画简易分析图，这就需要保证图面干净明朗且表达信息完备。

1.功能分区图

功能分区图是在平面图的基础上以线框简单地勾画出不同功能性质的区域，并给出图例，标注不同区域的名称。功能分区的线框通常为具有一定宽度的实线或虚线；功能分区的形态根据表达的意图可以是方形、圆形或不规则形，每个区域用不同的颜色加以区分。为了增强表达效果，可以在功能分区的内部填充和线框相同的颜色，或者用斜线填充。

2.交通分析图

交通分析图主要表达出入口和各级道路彼此之间的流线关系。绘制交通分析图应当明确分清基地周边的主次道路、基地内的各级道路和交通组织及方向、集散广场和出入口的位置，以不同的线条与色彩标注出不同道路流线，利用箭头标注出入口。通常可以用具有一定宽度的点画线或虚线表示道路，道路的等级越高，线条越粗。

3.结构分析图

结构分析图主要是表达图面中主要景观元素之间的关系。规划中常见的描述方法被称为"几环、几轴、几中心"，在景观设计中主要表达出入口、主要道路、节点、水系之间的关系。如果存在轴线关系，可以用一定宽度的虚线或点画线表示出实轴和虚轴的关系。出入口可以用箭头来表示，主要道路用不同色彩的线条来表示，水系用蓝色的线条概略地勾出主要边线，节点用各种圆形的图例来表示。

4.植物分析图

植物分析图主要是表达设计者针对植物配置的设计意图。植物分析图根据不同的分类标准会有不同的表达方法。

植物根据种植的疏密可以分为密林区、疏林区、草地区、水生植物区；根据自身特性可以分为阔叶林区、针叶林区、花灌木区、草花地被区等，根据造景的季相变化可以分为春景区、夏景区、秋景区、冬景区。其在图面中的表达方法和功能分区图相似，不同之处在于功能分区图相同性质的区域通常在一起（入口区除外）；而植物分析图相同性质的区域可以在一起，也可以分散在园区的不同位置。

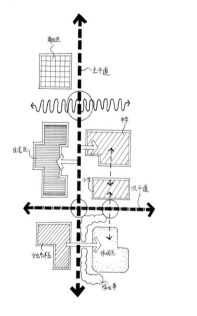

▲ 概念设计图示-1　　　　　▲ 概念设计图示-2

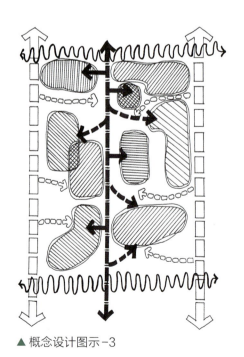

▲ 概念设计图示-3

注：上方手绘图由福建经济学校裴洁灵绘制

1.6 手绘平面图的表现方式

平面图也称作"总体布置图"，是按照规定比例绘制，表示建筑物和构筑物的方位、间距以及道路网、绿化、竖向布置和基地临界等情况的图纸。

1.6.1 景观设计平面基础知识

平面图、立面图、剖面图是在景观方案设计中最常用到的，其相应的基本规范是作为设计师必须要掌握的，即使是在手绘图中，掌握对平面图、立面图、剖面图的正确表达也是非常有必要的，精确美观的图纸表达对于甲方、客户、观者都能起到提升读图效率的作用。

在平面、立面、剖面和鸟瞰图中，平面图是最重要、最有用的。平面性很强的园林设计更能显示出平面图的重要性。平面图能表现整个园林设计的布局和结构、景观和空间构成以及诸设计要素之间的关系。

平面图上有指北针，有的还有风玫瑰图。平面图是表明功能区域及相关构造元素所在基础有关范围内的总体布置，它反映新建、拟建、原有和拆除的房屋及构筑物等的位置和朝向，室外场地、道路、绿化等的布置，以及地形、地貌、标高等的情况。

在平面图的表达中，为了达到易于辨认的目的，我们在绘制时要注意不同线型的变化，包括线型的粗细变化，这样能使画面层次感丰富、图面精致。但是普通的墨线稿有时需要仔细辨认，并结合标注才能理解设计意图。因此，利用明暗表达法，使总图的建筑物、构造物、植物等设计要素与基地的光线方向结合，显示出建筑物、构造物、植物等元素在平面图上的投影，使得平面图更加立体、清晰和易读。

1.6.2 景观平面树画法表现

在各阶段的设计中，平面图的表现方式有所不同，施工图阶段的平面图较准确、表现较细致；分析或构思方案阶段的平面图较粗犷、线条较醒目，多用徒手线条图，具有图解的特点。平面图可以看作点在园景上方无穷远处投影所获得的视图，加绘落影的平面图具有一定的鸟瞰感，带有地形的平面图因能解释地形的起伏而在园林设计中显得十分有用。

在景观平面图的表现中，各种形式的平面植物图例表现最为复杂，也是画好一张平面表现图的前提，所以在画之前必须熟悉不同植物的平面图例的表现方法。植物的种类很多，各种类型产生的效果不同，表现的时候应该加以区别。

1.不同类别植物平面图例

轮廓型：树木平面只用线条勾勒出轮廓来，线条可粗可细，轮廓可光滑也可以带缺口。

分枝型：在树木平面中只用线条组合表示树枝与树干的分支。

枝叶型：在树木平面中既表示分支，又表示冠叶。树冠可用轮廓表示，也可用质感表示。

2.景观平面图表现要点解析

（1）当画几株相连的相同树木的平面时，应适当注意避让。

（2）平面图中的架构很多时候就用简单的轮廓表示。在设计图纸中，当树冠下有花台、水面等低矮的设计内容时，树木不应过于复杂，要注意避让，不要遮挡住下面的内容。

（3）物体的落影是平面重要的表现方法，它可以增加图片的对比效果，使图面明快生动。

（4）景观构筑物包括亭、廊、雕塑、花坛、桥等，这些都是熟练掌握景观平面画法的必备物。

1.6.3 景观平面图范例

1.景观平面图绘制要点

（1）点、线、面是景观设计中的造型元素，是景观设计中不可缺少的重要应用元素。点、线、面各要素的种类、形态、视觉特性的不同应用会产生不同的景观效果。

（2）在平面设计中，线分为直线、曲线、斜线、折线等不同的类型。不同的线型在景观设计的应用中会产生不同的景观效果。

（3）注意在绘制时，应该让密的地方重，疏的地方轻，才能体现整体的轻重与疏密感。

2.景观平面图步骤解析

步骤1：画出整个空间的结构关系，确定每个设计元素的平面位置。

步骤2：在步骤1的基础上丰富空间结构的细节，然后画出整个空间中的植物位置与大小比例，并确定光源方向，再添加明暗方向。

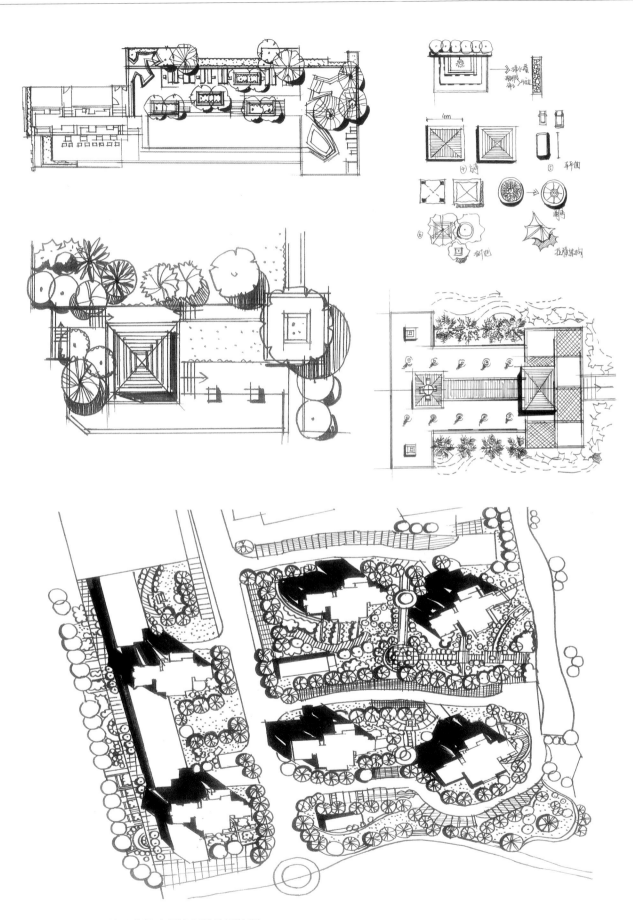

注：此页手绘图由福建经济学校陈丽绘制

1.7 手绘立面图的表现方式

手绘效果图是方案形成后通过手绘表现的形式展示设计构思的绘图方式，是设计师用来表达设计理念、传达设计意图的工具。在室内、室外设计的过程中，手绘效果图既是一种设计语言，又是设计成果的重要组成部分，是从意向图到效果图的设计构思和设计实践的升华。

1.7.1 立面图与剖面图的区别

通常可以把立面图理解为正视图，它拥有效果图所缺乏的内在图形特征，并且能很直观地反映平面图的设计意图和物体的关系。而剖面图是指某景观场景被一假想的铅垂面剖切后，沿某一剖切方向投影所得到的视图，其中包括园林建筑和小品等剖面。但在只有地形剖面时，应注意景观立面与剖面的区别，因为某些景观立面图上也可能有地形剖断线。

（1）对于剖面图，首先必须了解被剖物体的结构，知道哪些是被剖到的，哪些是看到的，即必须肯定剖线及看线；其次想要更好地表达设计成果，就必须选好视线的方向，这样才可以全面细致地展现景观空间。

（2）立面图的画法大致上与剖面图相同，但立面图只画看到的部分。立面图就是我们可以直接观察到的建筑或物体的外表面的形状图案。按投影原理，立面图上应将立面上所有看得见的细部都表示出来。

1.7.2 景观剖面图与立面图绘制要点

1. 景观立面图的画法表现

景观设计立面图主要反映空间造型轮廓线，设计区域各方向的宽度，建筑物或者构筑物的尺寸，地形的起伏变化，植物的立面造型、高矮，公共设施的空间造型、位置等。

景观立面图绘制要点如下：

（1）树木的绘制根据高度和冠幅定出树的高宽比。

（2）绘制时可先根据各景观要素的尺寸定出其高、宽之间的比例关系，然后按一定比例画出各景观要素的外形轮廓。

（3）立面图上要表现出前景、中景和远景间的关系。

（4）注意植物与其他景观架构之间的穿插和遮挡的关系。

2. 景观剖面图的画法表现

剖面图的画法与立面图大致相同，但立面图只画看到的部分，而剖面图则要画出内部结构。

景观剖面图绘制要点如下：

（1）必须了解被剖物体的结构，肯定被剖到的和看到的，即必须肯定剖线及看线。

（2）想要更好地表达设计成果，必须选好视线的方向，这样可以全面细致地展现景观空间。

（3）要注重层次感的营造，通常是通过明暗对比强调层次感，从而营造出远近不同的感觉。

（4）剖面图中需注意的是，剖线用粗实线表示，而看线则用细实线或者虚线表示，以示区别。

▲ 剖立面图-1

▲ 剖立面图-2

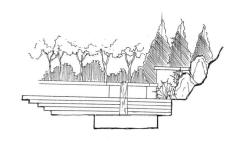

▲ 剖立面图-3

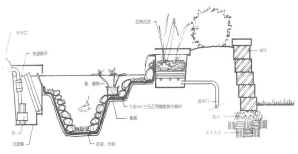

▲ 剖立面图-4

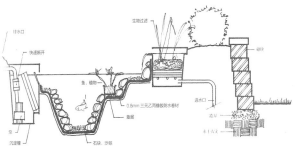

▲ 剖立面图-5

▲ 剖立面图-6

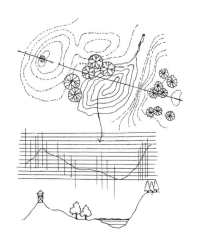

▲ 根据平面图画剖立面图

▲ 平面图和剖立面图

注：上方手绘图由大连市建设学校姜馨绘制

注：上方手绘图由福建经济学校陈丽绘制

注：上方手绘图由福建经济学校黄嘉莹绘制

02

园林微景观设计
手绘制图训练作品

　　本章从全国各地中职学校师生手绘设计作品中选择了部分比较有代表性的作品，具体分为十个主题（苔痕草青、城市公园、乡间河流、花影摇窗、荒野绿踪、峰回路转、童话世界、翠蕨悠然、阶梯花园、几何世界），每个主题分开三个部分（平面图、立面图、局部效果图）展示，可供初学者参考学习。

2.1 园林微景观手绘平面图训练作品

在 A3 彩色平面图上，要求标注容器的尺寸，并要有主题名称、图名、比例、指北针、植物清单等。

2.1.1 主题 1 "苔痕草青" 手绘平面图作品

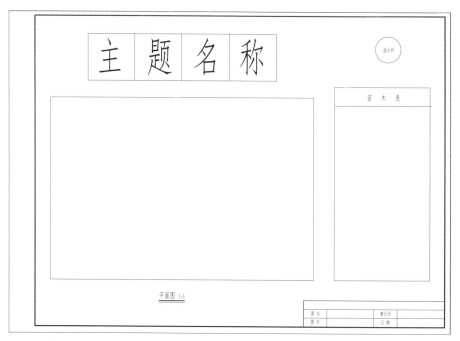

▲ A3 绘图纸—平面图布局 1，供参考（杭州科技职业技术学院俞安平绘制）

平面图 1:5

▲ 主题 1 "苔痕草青"（池州职业技术学院刘玮芳绘制）

平面图 1:5

▲ 主题 1 "苔痕草青"（福建经济学校黄嘉莹绘制）

平面图 1:5

▲ 主题 1 "苔痕草青"（杭州市旅游职业学校李彤绘制）

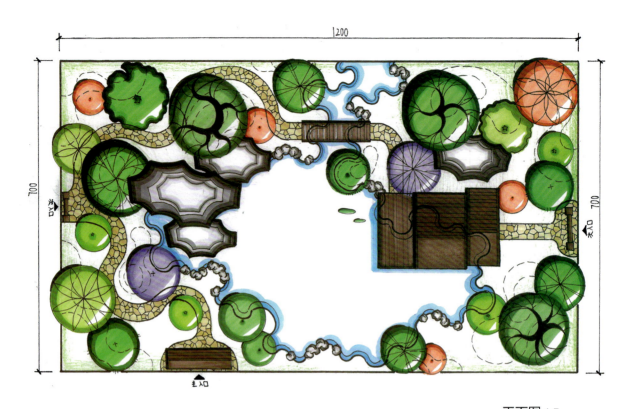

平面图 1:5

▲ 主题1 "苔痕草青"（浙江省诸暨市职业教育中心顾馨澜绘制）

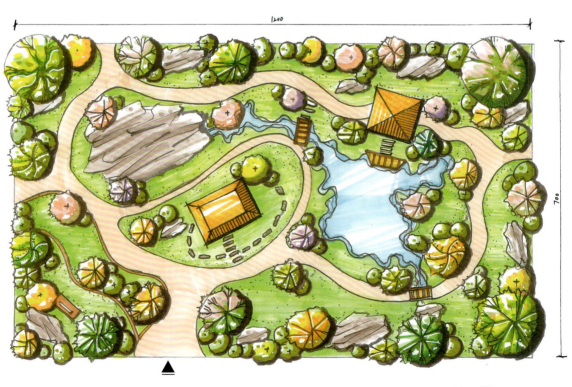

平面图 1:5

▲ 主题1 "苔痕草青"（河北省唐县职业技术教育中心董晨康绘制）

主构筑物　　　禅意流水　　　　　　　　观景平台

平面图 1:5

▲ 主题 1 "苔痕草青"（广州市海珠工艺美术职业学校何敏玲绘制）

平面图 1:5

▲ 主题 1 "苔痕草青"（中山市沙溪理工学校何禹斐绘制）

2.1.2 主题 2 "城市公园" 手绘平面图作品

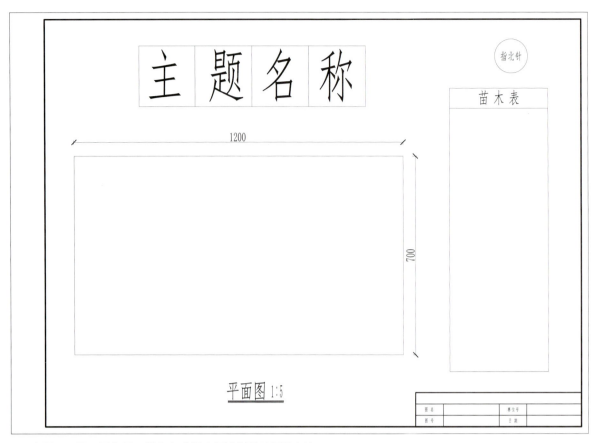

▲ 主题 2—平面图布局，供参考（福建经济学校陈圆绘制）

平面图 1:5

▲ 主题 2 "城市公园"（池州职业技术学院刘玮芳绘制）

▲ 主题 2 "城市公园"（福建经济学校黄嘉莹绘制）

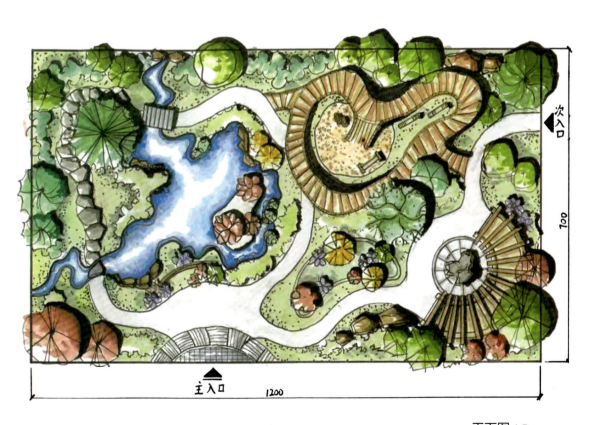

▲ 主题 2 "城市公园"（杭州市旅游职业学校余程浩绘制）

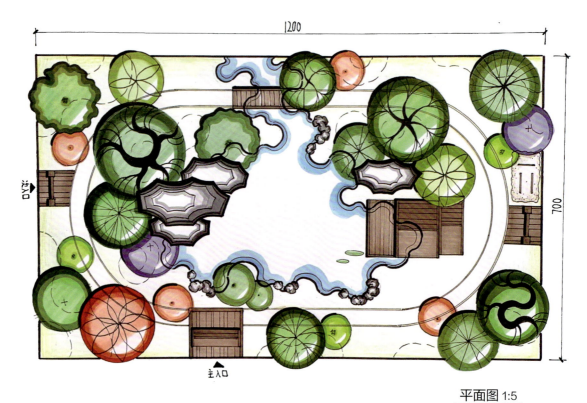

主题 2 "城市公园"（浙江省诸暨市职业教育中心顾馨澜绘制）

平面图 1:5

主题 2 "城市公园"（广州市海珠工艺美术职业学校张振绘制）

平面图 1:5

2.1.3 主题 3 "乡间河流"手绘平面图作品

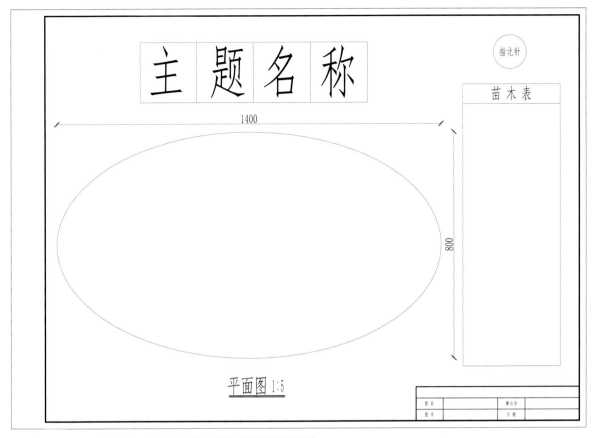

▲ 主题 3—平面图布局，供参考（福建经济学校陈圆绘制）

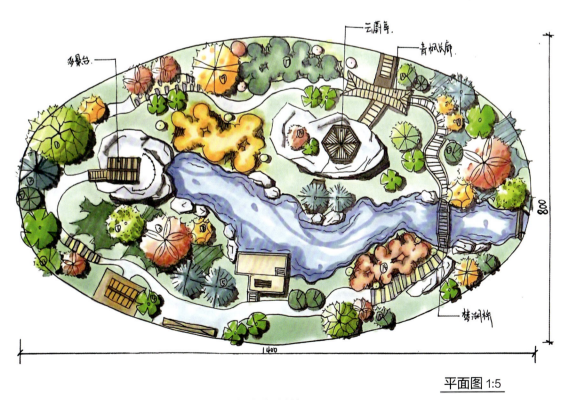

平面图 1:5

▲ 主题 3 "乡间河流"（池州职业技术学院刘玮芳绘制）

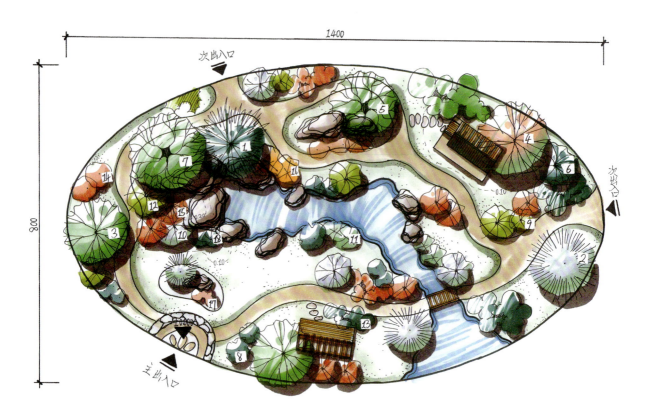

平面图 1:5

▲ 主题 3 "乡间河流"（福建经济学校黄嘉莹绘制）

平面图 1:5

▲ 主题 3 "乡村河流"（杭州市旅游职业学校庞鹏飞绘制）

平面图 1:5

▲ 主题 3 "乡间河流"（浙江省诸暨市职业教育中心顾馨澜绘制）

平面图 1:5

▲ 主题 3 "乡间河流"（广州市海珠工艺美术职业学校张振绘制）

2.1.4 主题 4 "花影摇窗" 手绘平面图作品

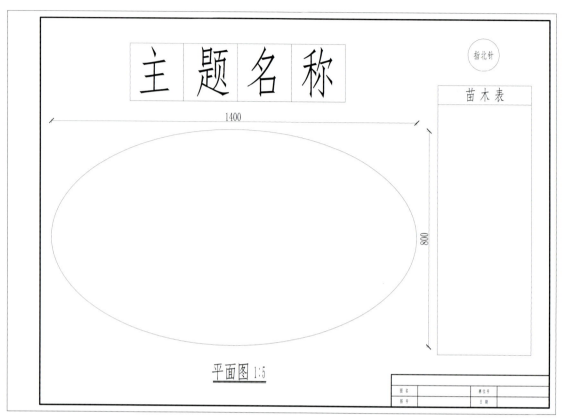

▲ 主题 4—平面图布局，供参考（福建经济学校陈圆绘制）

平面图 1:5

▲ 主题 4 "花影摇窗"（池州职业技术学院陶永晴绘制）

平面图 1:5

▲ 主题 4 "花影摇窗" (福建经济学校黄嘉莹绘制)

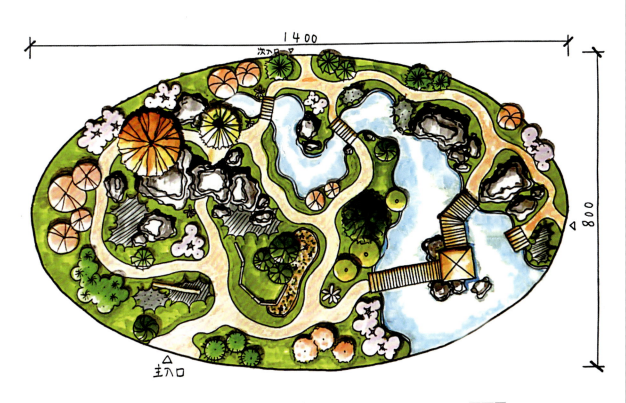

平面图 1:5

▲ 主题 4 "花影摇窗" (大连市建设学校贾环亮绘制)

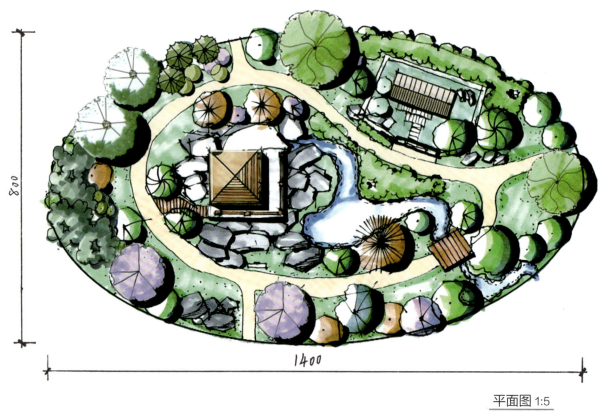

平面图 1:5

▲ 主题 4 "花影摇窗"（杭州市旅游职业学校庞鹏飞绘制）

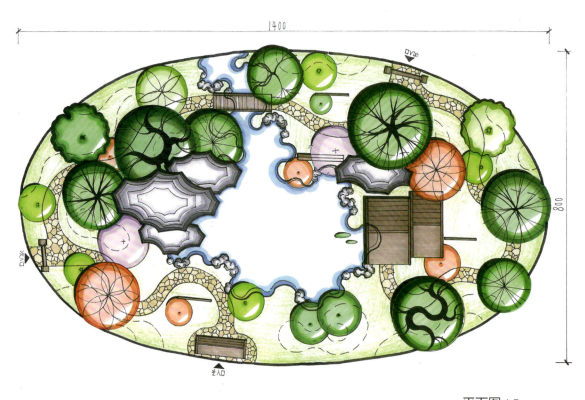

平面图 1:5

▲ 主题 4 "花影摇窗"（浙江省诸暨市职业教育中心顾馨澜绘制）

主构筑物　水车　亲水平台　特色景墙

800

1400

平面图 1:5

▲ 主题 4 "花影摇窗"（广州市海珠工艺美术职业学校何敏玲绘制）

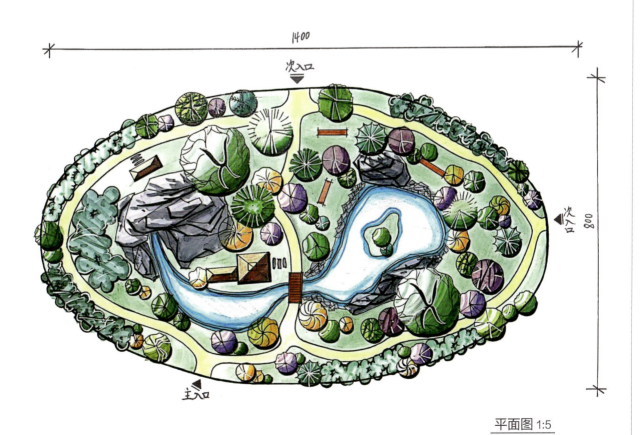

1400

次入口

次入口

800

主入口

平面图 1:5

▲ 主题 4 "花影摇窗"（重庆市北碚职业教育中心张蓉绘制）

2.1.5 主题5"荒野绿踪"手绘平面图作品

主 题 名 称

指北针

平面图 1:5

苗木表

图 名		赛位号	
图 号		日 期	

▲ A3 绘图纸—平面图布局2，供参考（杭州科技职业技术学院俞安平绘制）

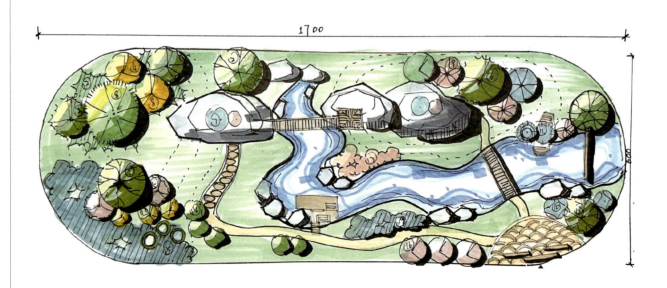

1700

平面图 1:5

▲ 主题5"荒野绿踪"（池州职业技术学院刘玮芳绘制）

▲ 主题 5 "荒野绿踪"（福建经济学校黄嘉莹绘制）

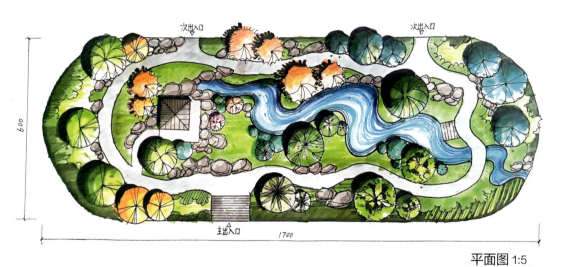

▲ 主题 5 "荒野绿踪"（杭州市旅游职业学校汪张杰绘制）

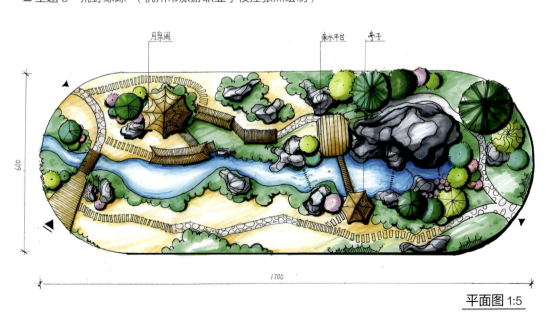

▲ 主题 5 "荒野绿踪"（广州市海珠工艺美术职业学校何敏玲绘制）

2.1.6 主题 6 "峰回路转" 手绘平面图作品

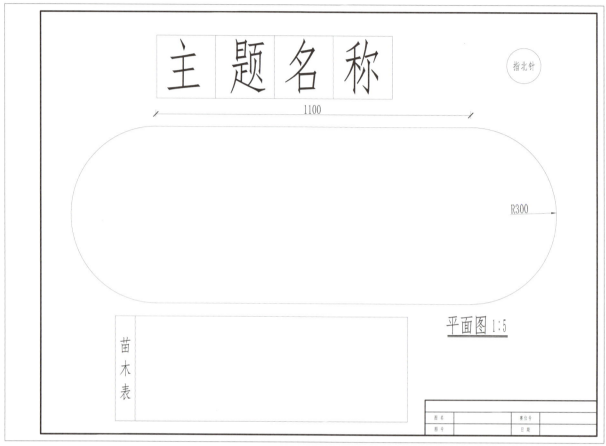

▲ 主题 6—平面图布局，供参考（福建经济学校陈圆绘制）

平面图 1:5

▲ 主题 6 "峰回路转"（池州职业技术学院陶永晴绘制）

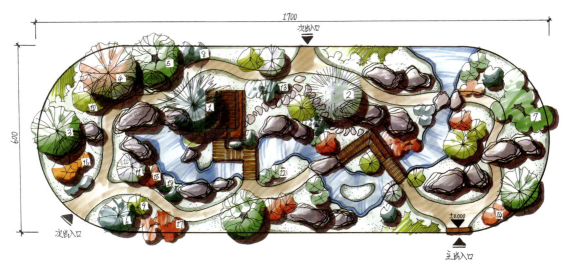

平面图 1:5

▲ 主题 6 "峰回路转"（福建经济学校黄嘉莹绘制）

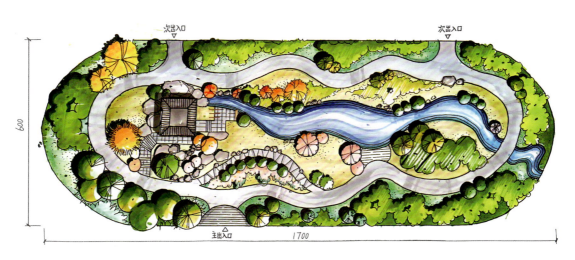

平面图 1:5

▲ 主题 6 "峰回路转"（杭州市旅游职业学校汪张杰绘制）

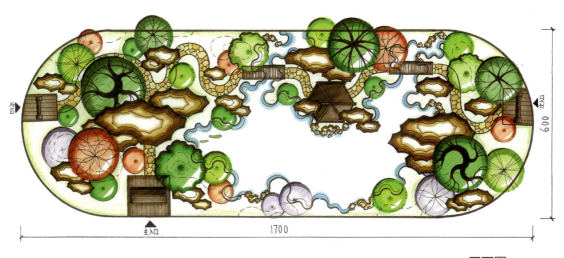

平面图 1:5

▲ 主题 6 "峰回路转"（浙江省诸暨市职业教育中心顾馨澜绘制）

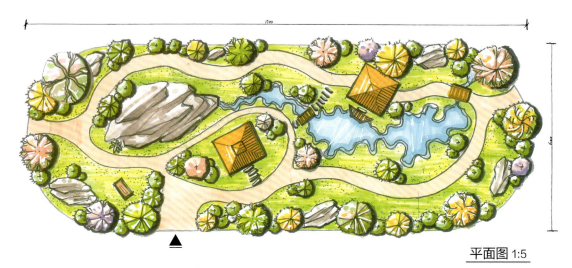

平面图 1:5

▲ 主题 6 "峰回路转"（河北省唐县职业技术教育中心董晨康绘制）

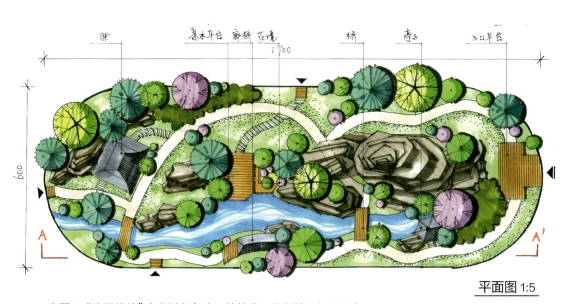

平面图 1:5

▲ 主题 6 "峰回路转"（广州市海珠工艺美术职业学校张振绘制）

平面图 1:5

▲ 主题 6 "峰回路转"（中山市沙溪理工学校何禹斐绘制）

2.1.7 主题7"童话世界"手绘平面图作品

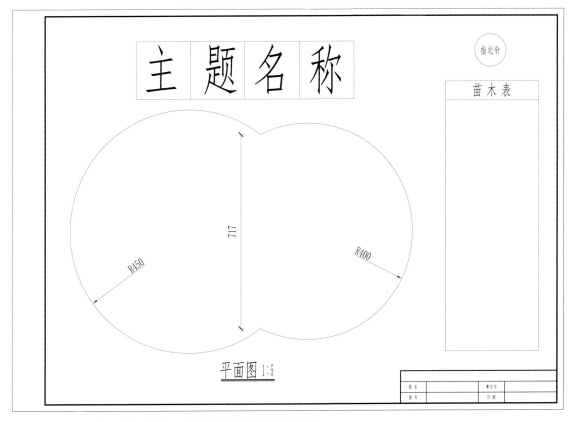

▲ 主题7—平面图布局，供参考（福建经济学校陈圆绘制）

▲ 主题7"童话世界"（池州职业技术学院刘玮芳绘制）

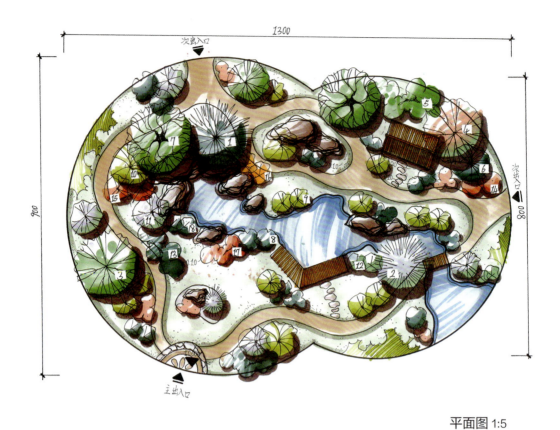

平面图 1:5

▲ 主题 7 "童话世界"（福建经济学校黄嘉莹绘制）

平面图 1:5

▲ 主题 7 "童话世界"（杭州市旅游职业学校金晓雯绘制）

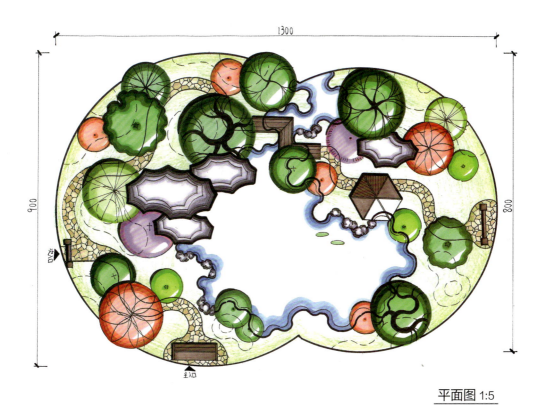

平面图 1:5

▲ 主题 7 "童话世界"（浙江省诸暨市职业教育中心顾馨澜绘制）

平面图 1:5

▲ 主题 7 "童话世界"（广州市海珠工艺美术职业学校何敏玲绘制）

2.1.8 主题 8 "翠蕨悠然" 手绘平面图作品

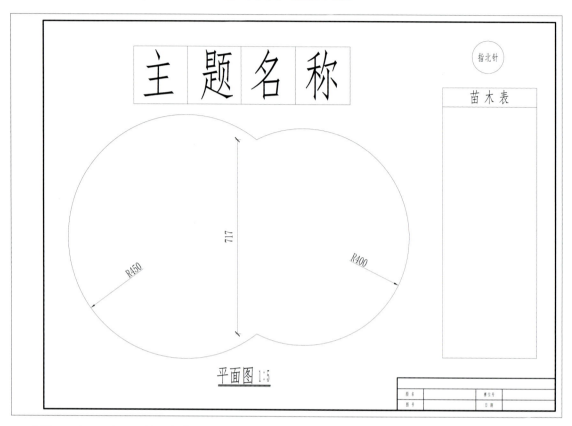

▲ 主题 8—平面图布局，供参考（福建经济学校陈圆绘制）

▲ 主题 8 "翠蕨悠然"（池州职业技术学院刘玮芳绘制）

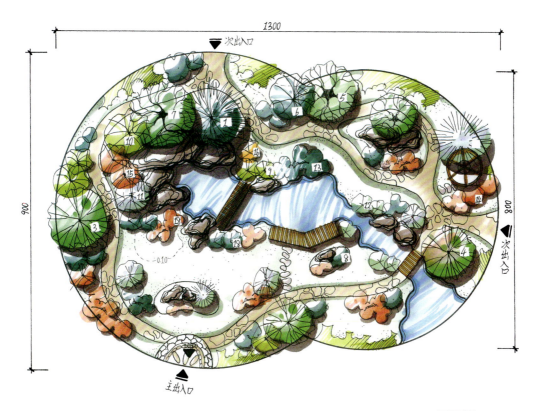

平面图 1:5

▲ 主题 8 "翠蕨悠然"（福建经济学校黄嘉莹绘制）

平面图 1:5

▲ 主题 8 "翠蕨悠然"（大连市建设学校姜馨绘制）

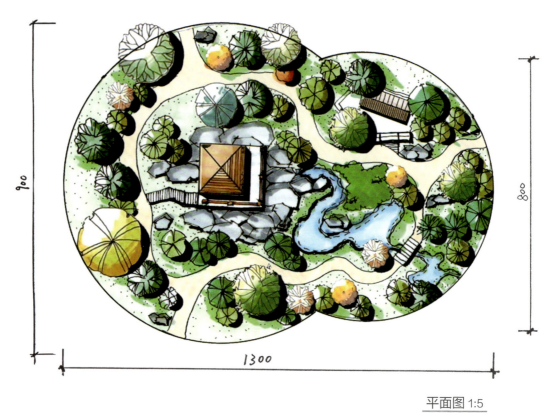

<u>平面图 1:5</u>

▲ 主题 8 "翠蕨悠然"（杭州市旅游职业学校凌云濛绘制）

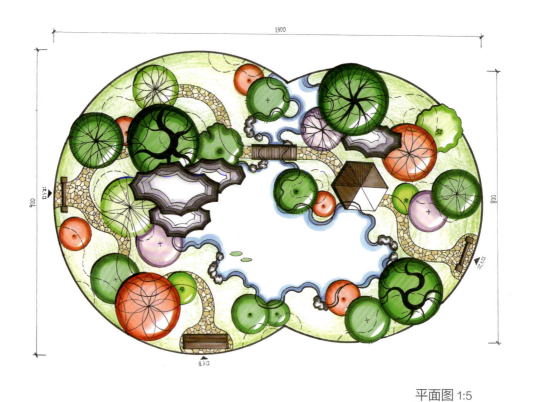

<u>平面图 1:5</u>

▲ 主题 8 "翠蕨悠然"（浙江省诸暨市职业教育中心顾馨澜绘制）

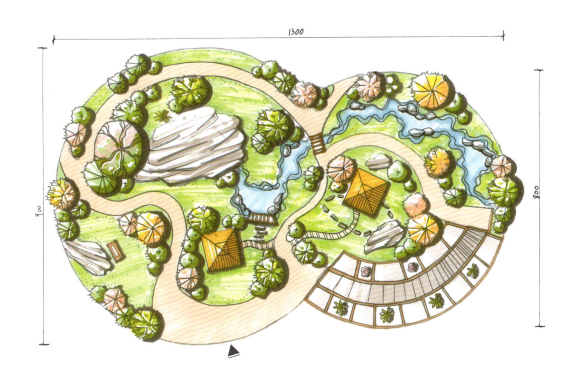

平面图 1:5

▲ 主题 8 "翠蕨悠然"（河北省唐县职业技术教育中心董晨康绘制）

平面图 1:5

▲ 主题 8 "翠蕨悠然"（广州市海珠工艺美术职业学校张振绘制）

2.1.9 主题 9 "阶梯花园" 手绘平面图作品

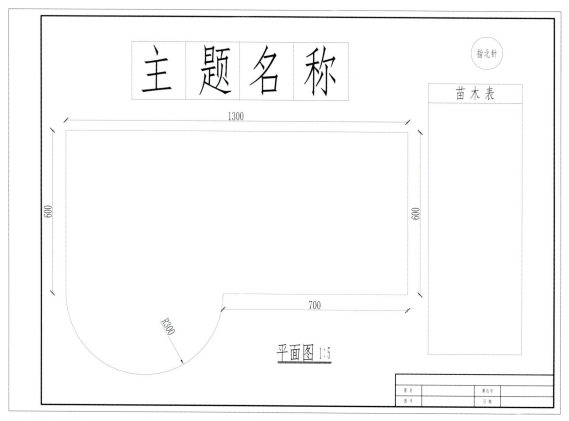

▲ 主题 9—平面图布局，供参考（福建经济学校陈圆绘制）

▲ 主题 9 "阶梯花园"（池州职业技术学院陶紫轩绘制）

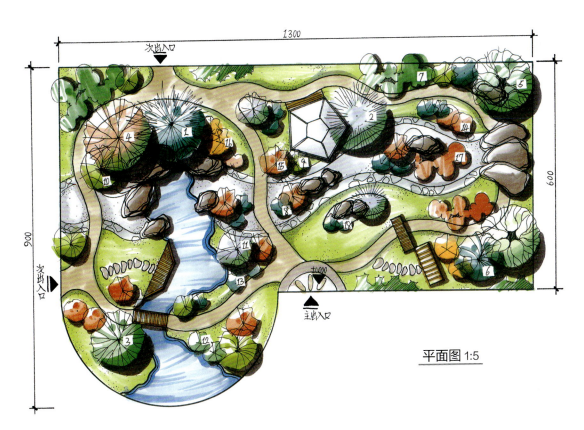

平面图 1:5

▲ 主题 9 "阶梯花园"（福建经济学校黄嘉莹绘制）

平面图 1:5

▲ 主题 9 "阶梯花园"（杭州市旅游职业学校谢亦昕绘制）

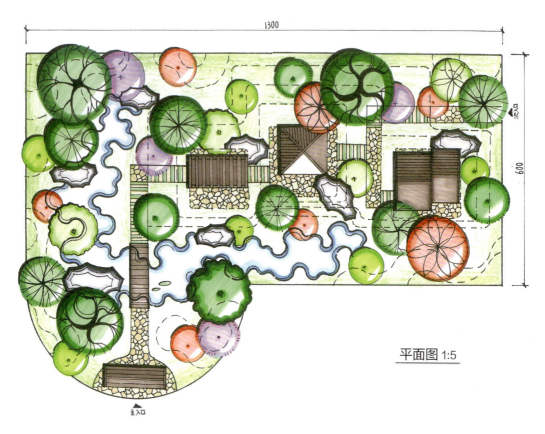

平面图 1:5

▲ 主题 9 "阶梯花园"（浙江省诸暨市职业教育中心顾馨澜绘制）

平面图 1:5

▲ 主题 9 "阶梯花园"（河北省唐县职业技术教育中心董晨康绘制）

主构筑物　　廊　　亭子　　阶梯花园　　入口景墙

1300

600

900

平面图 1:5

▲ 主题 9 "阶梯花园"（广州市海珠工艺美术职业学校何敏玲绘制）

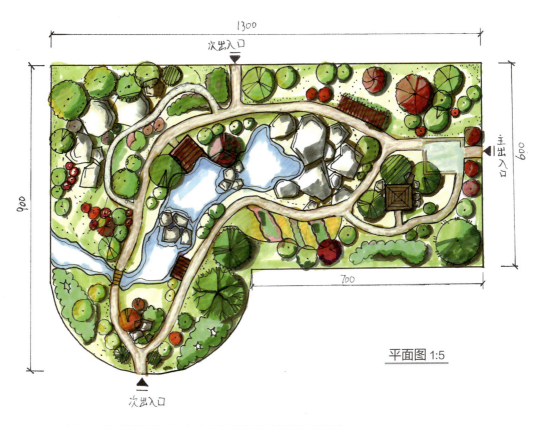

1300

次出入口

600

主出入口

900

700

次出入口

平面图 1:5

▲ 主题 9 "阶梯花园"（济宁市高级职业学校王子祎绘制）

2.1.10 主题10"几何世界"手绘平面图作品

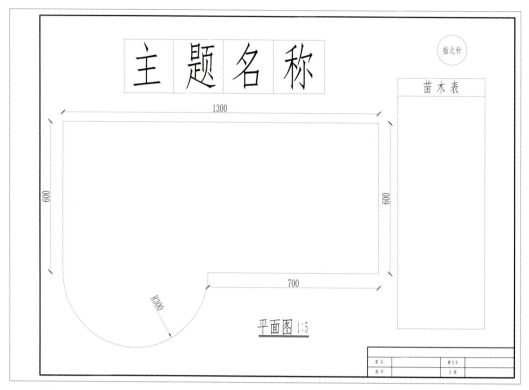

▲ 主题10—平面图布局,供参考(福建经济学校陈圆绘制)

▲ 主题10"几何世界"(池州职业技术学院陶紫轩绘制)

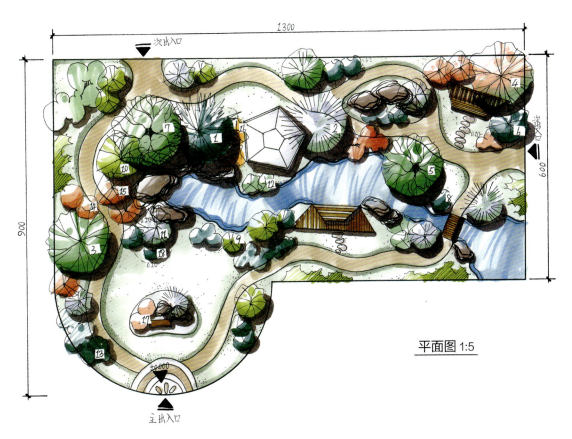

平面图 1:5

▲ 主题 10 "几何世界"（福建经济学校黄嘉莹绘制）

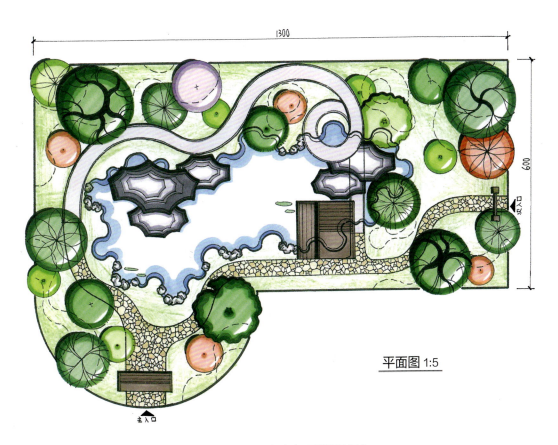

平面图 1:5

▲ 主题 10 "几何世界"（浙江省诸暨市职业教育中心顾馨澜绘制）

平面图 1:5

▲ 主题 10"几何世界"（杭州市旅游职业学校樊岑琳绘制）

几何建筑　观景平台　　桥　　亭　　入口平台

平面图 1:5

▲ 主题 10"几何世界"（广州市海珠工艺美术职业学校张振绘制）

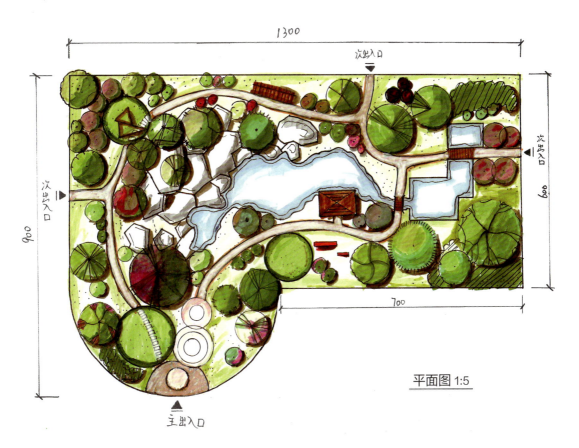

平面图 1:5

▲ 主题 10 "几何世界"（济宁市高级职业学校王子祎绘制）

平面图 1:5

▲ 主题 10 "几何世界"（大连市建设学校贾环亮绘制）

2.2 园林微景观手绘立面图训练作品

　　在 A3 彩色立面图上，要求标注图名、比例等，并要有详细的设计说明。如果有时间，建议画一个彩色局部效果图，表现效果更佳。

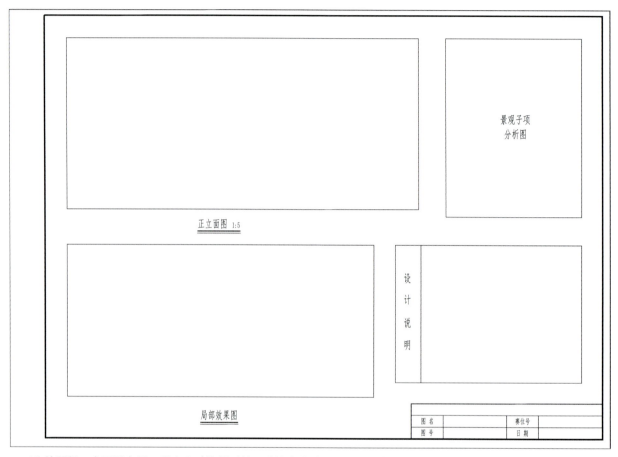

正立面图 1:5

景观子项
分析图

设计
说
明

局部效果图

图名		赛位号	
图号		日期	

▲ A3 绘图纸一立面图布局，供参考（杭州科技职业技术学院俞安平绘制）

正立面图 1:5

▲ 主题 1"苔痕草青"（池州职业技术学院陶永晴绘制）

正立面图 1:5

▲ 主题 1 "苔痕草青"（福建经济学校林铠燕绘制）

正立面图 1:5

▲ 主题 1 "苔痕草青"（杭州市旅游职业学校胡欣月绘制）

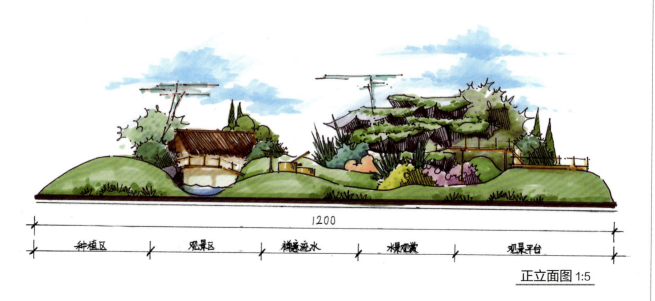

1200

| 种植区 | 观景区 | 禅意流水 | 水景观赏 | 观景平台 |

正立面图 1:5

▲ 主题 1 "苔痕草青"（广州市海珠工艺美术职业学校何敏玲绘制）

正立面图 1:5

▲ 主题 2 "城市公园"（福建经济学校林铠燕绘制）

绿植　　　　花墙　　　　空中栈道　　　　花架

正立面图 1:5

▲ 主题 2 "城市公园"（杭州市旅游职业学校路依航绘制）

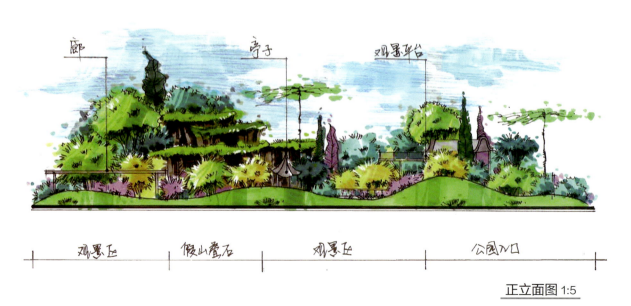

观景区　　　假山叠石　　　观景区　　　公园入口

正立面图 1:5

▲ 主题 2 "城市公园"（广州市海珠工艺美术职业学校张振绘制）

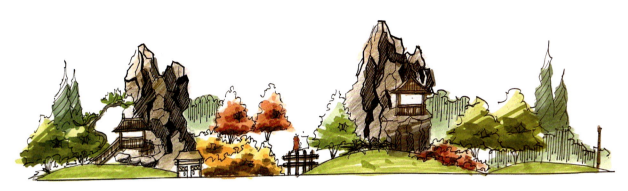

<u>正立面图</u> 1:5

▲ 主题 3 "乡间河流"（池州职业技术学院陶紫轩绘制）

<u>正立面图</u> 1:5

▲ 主题 3 "乡间河流"（福建经济学校林铠燕绘制）

<u>正立面图</u> 1:5

▲ 主题 3 "乡村河流"（杭州市旅游职业学校徐昕欣绘制）

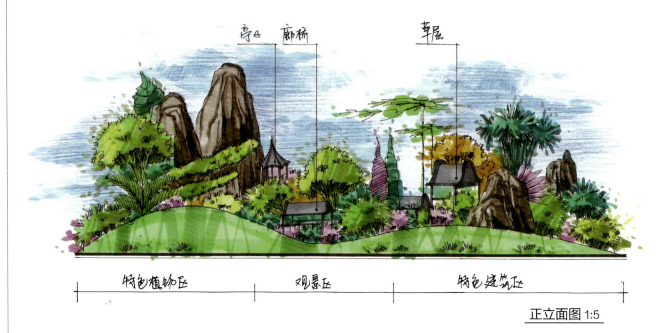

亭台　廊桥　　　　草屋

特色植物区　　　　观景区　　　　特色建筑区

正立面图 1:5

▲ 主题 3 "乡间河流"（广州市海珠工艺美术职业学校张振绘制）

正立面图 1:5

▲ 主题 4 "花影摇窗"（池州职业技术学院陶紫轩绘制）

正立面图 1:5

▲ 主题 4 "花影摇窗"（福建经济学校林铠燕绘制）

正立面图 1:5

▲ 主题 4 "花影摇窗"（大连市建设学校贾环亮绘制）

正立面图 1:5

▲ 主题 4 "花影摇窗"（杭州市旅游职业学校庞鹏飞绘制）

正立面图 1:5

▲ 主题 4 "花影摇窗"（河北省唐县职业技术教育中心刘甜怡绘制）

1400

种植区　观景区　水景观赏　休闲区　特色景墙　种植区

正立面图 1:5

▲ 主题 4 "花影摇窗"（广州市海珠工艺美术职业学校何敏玲绘制）

正立面图 1:5

▲ 主题 5 "荒野绿踪"（福建经济学校林铠燕绘制）

正立面图 1:5

▲ 主题 5 "荒野绿踪"（杭州市旅游职业学校徐昕欣绘制）

1700

入口景观 | 特色观景区 | 沙漠走廊 | 观景区 | 绿林区

正立面图 1:5

▲ 主题 5 "荒野绿踪"（广州市海珠工艺美术职业学校何敏玲绘制）

正立面图 1:5

▲ 主题 6 "峰回路转"（福建经济学校林铠燕绘制）

正立面图 1:5

▲ 主题 6 "峰回路转"（杭州市旅游职业学校杜煜瑶绘制）

正立面图 1:5

▲ 主题 6 "峰回路转"（河北省唐县职业技术教育中心刘甜怡绘制）

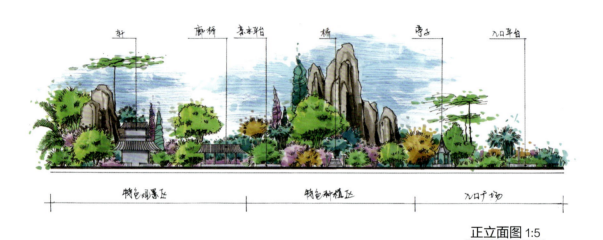

正立面图 1:5

▲ 主题 6 "峰回路转"（广州市海珠工艺美术职业学校张振绘制）

正立面图 1:5

▲ 主题 7 "童话世界"（池州职业技术学院陶永晴绘制）

正立面图 1:5

▲ 主题 7 "童话世界"（福建经济学校林铠燕绘制）

正立面图 1:5

▲ 主题 7 "童话世界"（杭州市旅游职业学校胡欣月绘制）

1300

| 种植区 | 草屋 | 葫芦山 | 观景区 | 葫芦屋 | 种植区 |

正立面图 1:5

▲ 主题 7 "童话世界"（广州市海珠工艺美术职业学校何敏玲绘制）

正立面图 1:5

▲ 主题 8 "翠蕨悠然"（福建经济学校林铠燕绘制）

正立面图 1:5

▲ 主题 8 "翠蕨悠然"（杭州市旅游职业学校胡嘉铭绘制）

正立面图 1:5

▲ 主题 8 "翠蕨悠然"（河北省唐县职业技术教育中心刘甜怡绘制）

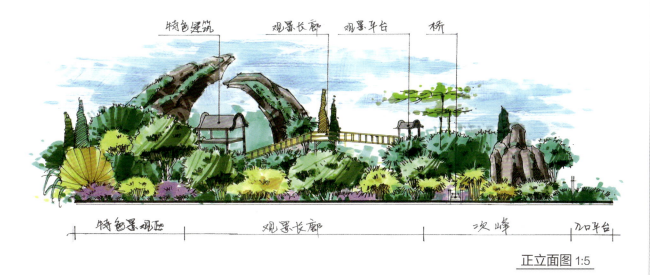

▲ 主题 8 "翠蕨悠然"（广州市海珠工艺美术职业学校张振绘制）

▲ 主题 9 "阶梯花园"（池州职业技术学院刘玮芳绘制）

▲ 主题 9 "阶梯花园"（福建经济学校林铠燕绘制）

正立面图 1:5

▲ 主题 9 "阶梯花园"（杭州市旅游职业学校胡欣月绘制）

正立面图 1:5

▲ 主题 9 "阶梯花园"（河北省唐县职业技术教育中心刘甜怡绘制）

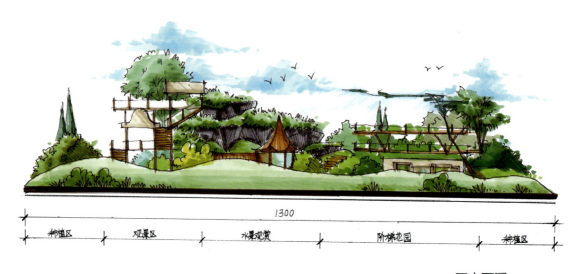

1300

种植区　　观景区　　水景观赏　　阶梯花园　　种植区

正立面图 1:5

▲ 主题 9 "阶梯花园"（广州市海珠工艺美术职业学校何敏玲绘制）

正立面图 1:5

▲ 主题 9 "阶梯花园"（中山市沙溪理工学校杨倩垚绘制）

正立面图 1:5

▲ 主题 10 "几何世界"（池州职业技术学院刘玮芳绘制）

正立面图 1:5

▲ 主题 10 "几何世界"（福建经济学校林铠燕绘制）

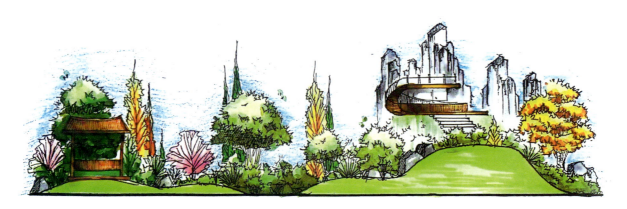

正立面图 1:5

▲ 主题 10 "几何世界"（杭州市旅游职业学校胡欣月绘制）

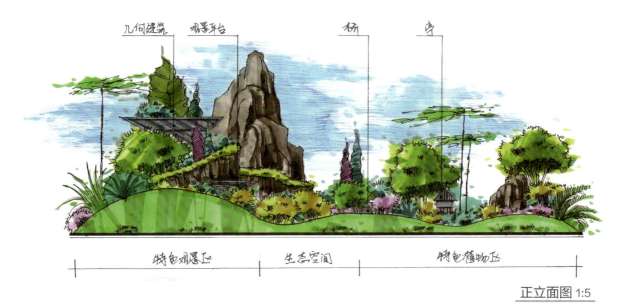

正立面图 1:5

▲ 主题 10 "几何世界"（广州市海珠工艺美术职业学校张振绘制）

正立面图 1:5

▲ 主题 10 "几何世界"（中山市沙溪理工学校陈冠烨绘制）

园林微景观手绘局部效果图作品

局部效果图

▲ 主题 1 "苔痕草青"（福建经济学校林铠燕绘制）

局部效果图

▲ 主题 1 "苔痕草青"（杭州市旅游职业学校李彤绘制）

局部效果图

▲ 主题 1 "苔痕草青"（广州市海珠工艺美术职业学校何敏玲绘制）

局部效果图

▲ 主题2"城市公园"（福建经济学校林铠燕绘制）

局部效果图

▲ 主题2"城市公园"（杭州市旅游职业学校庞鹏飞绘制）

局部效果图

▲ 主题2"城市公园"（广州市海珠工艺美术职业学校张振绘制）

局部效果图

▲ 主题 3 "乡间河流"（福建经济学校林铠燕绘制）

局部效果图

▲ 主题 3 "乡村河流"（杭州市旅游职业学校李彤绘制）

局部效果图

▲ 主题 3 "乡间河流"（广州市海珠工艺美术职业学校张振绘制）

局部效果图

▲ 主题 4 "花影摇窗"（福建经济学校林铠燕绘制）

局部效果图

▲ 主题 4 "花影摇窗"（杭州市旅游职业学校徐昕欣绘制）

局部效果图

▲ 主题 4 "花影摇窗"（广州市海珠工艺美术职业学校何敏玲绘制）

局部效果图

▲ 主题5"荒野绿踪"（福建经济学校林铠燕绘制）

局部效果图

▲ 主题5"荒野绿踪"（杭州市旅游职业学校徐昕欣绘制）

局部效果图

▲ 主题5"荒野绿踪"（广州市海珠工艺美术职业学校何敏玲绘制）

局部效果图

▲ 主题 6 "峰回路转"（福建经济学校林铠燕绘制）

局部效果图

▲ 主题 6 "峰回路转"（杭州市旅游职业学校胡欣月绘制）

局部效果图

▲ 主题 6 "峰回路转"（广州市海珠工艺美术职业学校张振绘制）

局部效果图

▲ 主题 7 "童话世界"（福建经济学校林铠燕绘制）

局部效果图

▲ 主题 7 "童话世界"（杭州市旅游职业学校徐佳燕绘制）

局部效果图

▲ 主题 7 "童话世界"（广州市海珠工艺美术职业学校何敏玲绘制）

局部效果图

▲ 主题 8 "翠蕨悠然"（福建经济学校林铠燕绘制）

局部效果图

▲ 主题 8 "翠蕨悠然"（大连市建设学校姜馨绘制）

局部效果图

▲ 主题 8 "翠蕨悠然"（广州市海珠工艺美术职业学校张振绘制）

局部效果图

▲ 主题 9"阶梯花园"（福建经济学校林铠燕绘制）

局部效果图

▲ 主题 9"阶梯花园"（杭州市旅游职业学校徐昕欣绘制）

局部效果图

▲ 主题 9"阶梯花园"（广州市海珠工艺美术职业学校何敏玲绘制）

局部效果图

▲ 主题10"几何世界"（福建经济学校林铠燕绘制）

局部效果图

▲ 主题10"几何世界"（杭州市旅游职业学校徐昕欣绘制）

局部效果图

▲ 主题10"几何世界"（广州市海珠工艺美术职业学校
张振绘制）

局部效果图

▲ 主题10"几何世界"（中山市沙溪理工学校杨倩垚绘制）

03

园林微景观制作
设备工具与材料

园林微景观制作需要用到较多设备、工具与材料。设备主要有操作台、容器、置物架、接线板等，电动工具主要有手持石材切割机、手持充电钻、热溶胶枪等，非电动工具主要有钢卷尺、修枝剪、剪刀、手锯、铁锤、小花铲等，材料主要有石材、石英砂、轻石、干水苔、配方土、植物以及制作小品的材料（竹筒、竹片、竹芯、方木条、圆木棒、硬纸板、骨架胶等）。

本章以实拍图片展示园林微景观制作常用设备、工具与材料，供初学者参考学习。

3.1 园林微景观制作的设备与工具

▲ 操作台

▲ 容器—长方形

▲ 容器—椭圆形

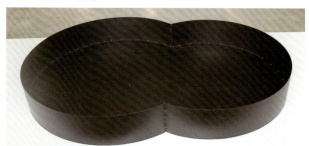

▲ 容器—葫芦形

▲ 容器—长方圆头形

▲ 容器—L形（或7字形）

▲ 材料置物架

▲ 时钟

◀ 乳胶手套　　▶ 工作围裙

▶ 接线板

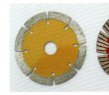

▲ 手持石材切割机

▲ 石材切割片

▲ 水桶

▲ 洒水壶、喷水壶

▶ 抹布

▲ 水桶、扫把、簸箕、垃圾桶

▲ 垃圾桶、扫把、簸箕

▲ 工具箱

▲ 无线充电钻
（电器商店）

▲ 无线充电钻及钻头

▲ 热熔胶枪（接电式）

▲ 热熔胶枪（接电式）

▲ 热熔胶枪（充电式）

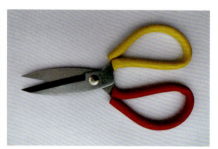

▲ 钢卷尺（带弯头）

▲ 修枝剪

▲ 剪刀

▲ 美工刀与刀片

▲ 圆规刀

▲ 钢丝钳（尖头、平头）

▲ 铁锤

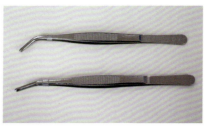

▲ 镊子

▲ 锥子

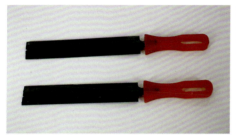

▲ 锉刀

▲ 手锯

▲ 小花铲

▲ 小耙子

▲ 小耙子

▲ 小山子

▲ 铁砂纸，木砂纸

▲ 毛笔，油漆笔

▲ 毛刷

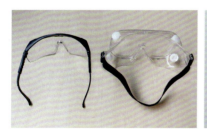

▲ 防护眼罩

▲ 防护耳罩

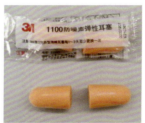

▲ 防护耳塞

▲ 防尘口罩

3.2 园林微景观制作的主材与辅料

▲ 青龙石

▲ 松皮石

▲ 上水石（大）

▲ 上水石（小）

▲ 雨花石

▲ 石英砂（泥砂）

▲ 石英砂（白色）

▲ 石英砂（原色）

▲ 石英砂（黑色）

▲ 彩砂（蓝色）

▲ 轻石（袋装）

▲ 轻石

▲ 配方土（袋装）

▲ 配方土

▲ 干水苔（包装）

▲ 干水苔（包装）

▲ 干水苔

▲ 松树皮

▲ 松树皮

▲ 云石胶

▲ 水泥

▲ 园艺铝线（本色）

▲ 园艺铝线（本色、深褐色）

▲ 环保铁丝

▲ 麻绳

▲ 麻绳

▲ 胶带

◀ 竹片（长 100cm）

▲ 竹筒

▲ 竹片，竹芯

▲ 圆木棒

▲ 圆木棒

▲ 方木条（长 60cm）

▲ 硬纸板

▲ 模型人

▲ 颜料

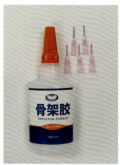

▲ 骨架胶

▲ 骨架胶、介质

▲ 发泡胶

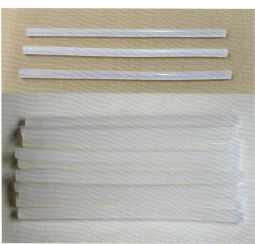

▲ 热熔胶棒

园林微景观制作的植物材料

▲ 罗汉松

▲ 榕树

▲ 发财树

▲ 南天竹

▲ 鹅掌柴

▲ 文竹

▲ 袖珍椰子

▲ 九里香

▲ 长寿花

▲ 菊花

▲ 狼尾蕨

▲ 钮扣蕨

▲ 银线蕨

▲ 紫叶酢浆草

▲ 铜钱草

▲ 网纹草

▲ 多肉植物

▲ 佛甲草

▲ 椒草

▲ 冷水花

▲ 苔藓（泡水前）　　　　　　▲ 苔藓（泡水后）

04

园林微景观制作
流程与技法

园林微景观制作主要分为五大模块（溪流、假山、园路、植物、小品），具体制作流程粗略分为十大步骤：①水景放样与驳岸固定，②轻石堆造地形，③假山堆叠与置石摆放，④干水苔铺设，⑤配方土铺设，⑥园路广场放样与铺设，⑦植物种植与苔藓铺设，⑧溪流水景布置，⑨小品制作与置放，⑩植物养护与场地清理。

本章以实拍图片展示园林微景观制作十大步骤的技术要点，供初学者参考学习。

4.1 水景放样与驳岸固定

园林微景观制作时，水景的放样通常采用粉笔、记号笔、发泡胶（又名泡沫胶）等。最直接的方式是用发泡胶放样，这样既能确定水景的位置与形状，又能固定驳岸、阻止轻石流动。

水景驳岸固定的另一种方式，是用水泥固定驳岸石，景观效果比用发泡胶固定更好。

▲ 自然式水景放样与驳岸固定

▲ 自然式水景放样与驳岸固定

▲ 自然式水景驳岸固定

▲ 椭圆形水池放样与驳岸固定

▲ 椭圆形水池驳岸按压（30°斜坡）

▲ 溪流湖泊放样与驳岸固定

◀ 驳岸桥墩石置放

▲ 溪流驳岸制作（水泥固定）

4.2 轻石堆造地形

轻石的作用主要有：①堆造地形；② 利于排水；③吸水保水。

园林微景观制作时，采用大量的轻石营造地形，利于假山堆叠时固定假山石，并能抬高假山的高度，增强假山的气势。

◀ 轻石堆造地形

▲ 轻石与上水石组合抬高地形　　　▲ 轻石与上水石组合抬高地形

4.3 假山堆叠与置石摆放

园林微景观制作分为五大模块，相对而言假山堆叠的难度较大。假山堆叠的基本原则为"石不可杂，纹不可乱"，所以比赛时提供的三种石材（青龙石、松皮石、上水石）需要选择使用。假山堆叠时石块的固定，可以采用热熔胶、骨架胶（需要用填充剂），或用云石胶（气味较重，尽量不用）；实际假山工程施工，通常采用水泥砂浆固定；但在比赛时由于水泥砂浆凝固慢，影响比赛速度，故不采用。

在园林微景观制作中，除了体量较大的假山堆叠之外，还可以在合适的位置摆放置石。置石摆放可以是单块，也可以是两块、三块或多块组合；置石组合要有大小、高低的变化，并要注意石块纹理的统一。

▲ 上水石垫底作为假山基础

▲ 青龙石垫底作为假山基础

▲ 青龙石堆叠固定（热熔胶）

▲ 青龙石堆叠固定（热熔胶）

▲ 青龙石单置固定（发泡胶）

▲ 青龙石假山堆叠

▲ 松皮石固定（骨架胶＋填充剂）

▲ 大块松皮石可敲碎使用　　　　▲ 松皮石固定（骨架胶＋填充剂）　　▲ 松皮石固定（石间填充物）

▲ 松皮石堆叠效果（骨架胶固定）　　▲ 松皮石堆叠效果　　　　▲ 松皮石堆叠效果（热熔胶固定）

▲ 松皮石置石效果（高低组合）　　　▲ 松皮石置放效果（多块石高低组合）

4.4 干水苔铺设

干水苔的作用主要是吸水保水，所以在使用前必须要用水浸泡。在实际园林景观工作中，干水苔（泡水浸湿）主要用于植物长途运输时的保鲜。

在园林微景观制作时，在轻石之上铺设一层干水苔（事先用水浸泡），然后在水苔之上铺设配方营养土。在植物种植时，用水苔包裹植物的根部，以保证植物有充足的水分供应。

▲ 干水苔使用前用水浸泡　　▲ 水苔铺设-1　　▲ 水苔铺设-2

▲ 水苔铺设效果-1　　▲ 水苔铺设效果-2

4.5 配方土铺设

　　配方营养土的作用主要有：①营造地形；②固定植物；③吸水保水；④为植物提供养分。在实际园林工程中，配方营养土常用于屋顶花园（可减轻荷载）或与地面自然土壤拌和，增加土壤养分。

　　在园林微景观制作时，采用大量的营养土营造地形，利于植物种植时固定植物，并能给植物提供充足的水分与养分。

◀配方营养土倒放

▲配方营养土造地形

▲配方营养土造地形

4.6 园路广场放样与铺设

在实际园林工程中，园路、广场、平台、台阶、汀步的形式与材料多种多样，并且在铺设面层前都要做基础层（素土夯实、碎石垫层、混凝土垫层或钢筋混凝土垫层），以确保面层不下沉。

在园林微景观制作比赛时，只是模拟面层施工，不做基础层。学校通常会提供四种石材（青龙石、松皮石、上水石、鹅卵石）和三种颜色的石英砂（白色、原色、黑色），学员在铺设园路或广场时，可选用一种石英砂或两种石英砂的组合，也可以采用青龙石、松皮石、上水石的碎片铺设园路或排放汀步、台阶等。

▲ 园路放样（白色石英砂）　　▲ 园路放样（原色石英砂）　　▲ 园路放样（原色石英砂）

▲ 园路放样　　▲ 园路铺设（原色石英砂）　　▲ 园路铺设（原色石英砂）

▲ 园路铺设（白色石英砂）　　▲ 广场铺设（硬纸板＋竹片）　　▲ 广场铺设（填充白色石英砂）

▲ 广场铺设效果　　▲ 青龙石敲碎可做台阶、汀步　　▲ 青龙石台阶　　▲ 青龙石汀步

4.7 植物种植与苔藓铺设

园林微景观制作时，学校通常会提供 20 多种植物，分为四种类型（小乔木、灌木、草本花卉、苔藓）。植物配置的基本要求：高、中、低搭配，绿色、红色、黄色等不同色彩的搭配，并要注意各种植物的习性（阳性、中性、阴性）。植物配置的基本方式：孤植，对植，列植，丛植，群植；最佳植物配置方式为类似于"花境"的植物组团方式。

园林微景观制作需要选择使用 18 种以上不同类型的植物，并要求对罗汉松进行蟠扎造型。

▲ 罗汉松造型　　▲ 罗汉松蟠扎造型　　　　　　　▲ 植物种植

▲ 植物种植　　　　　▲ 苔藓铺设-1　　　　▲ 苔藓铺设-2

4.8 溪流水景布置

园林微景观制作时，学校通常会提供三种颜色的石英砂（白色、原色、黑色）和一种彩砂（蓝色）。学员在营造溪流水景时，可以选择使用一种石英砂（白色）或一种彩砂，也可以采用石英砂与彩砂混合的表现方式。

如果采用白色石英砂与蓝色彩砂混合的表现方式，通常先铺放白色石英砂，然后在白色石英砂之上铺撒蓝色彩砂；也可以先铺蓝砂，再撒白砂。

4.9 小品制作与置放

　　建筑小品的制作难度大，用料多而杂，且精度要求高，故而费时费力。学员需要认真钻研、反复练习，才能逐步提高制作速度和精度。

　　建筑小品大致分为木亭、木桥、木屋、亲水平台、廊架、花窗、入口牌坊等。在园林微景观制作比赛时，由于时间限制，根据主题需要选择做几个即可。

　　小品的摆放需要有基座固定，以保证小品的稳定性。

训练作品

▲ 小品置放-1　　　　　　▲ 小品置放-2　　　　　　▲ 小品置放-3

4.10 植物养护与场地清理

　　植物种植完成之后，需要对植物根部浇水养护，并对种好的植物进行检查，如发现枯枝、断枝、破叶等，要用修枝剪进行修剪清理。然后要打扫卫生、全面喷水，就像下雨之后的感觉，整个微景观清新、干净、美观。

植物修剪

喷水养护

05

园林微景观制作
训练作品展示

园林微景观制作主要分为五大模块（假山、溪流、园路、植物、小品），本章从全国各地中职学校大量训练（或比赛）作品中选择了部分有代表性的作品（实拍图片），分五个部分（①假山与置石，②溪流水景，③园路与广场，④植物配置，⑤建筑小品）进行展示，供初学者参考学习。

5.1 假山置石训练作品

园林微景观假山制作，学校通常会提供三种石材（青龙石、松皮石、上水石）。根据假山堆叠"石不可杂"的基本原则，学员在训练时需要选择使用合适的石材。

下面主要展示两种石材堆叠的假山作品。

青龙石假山训练作品

松皮石假山训练作品

5.2 溪流水景训练作品

　　园林微景观水景制作，学校通常会提供三种颜色的石英砂（白色、原色、黑色）和一种彩砂（蓝色）。学员在营造溪流水景时，可以选择使用一种石英砂或彩砂，也可以采用石英砂与彩砂混合的表现方式。

　　下面分三种情况展示学员训练的溪流水景作品。

白色石英砂溪流水景训练作品

蓝色彩砂溪流水景训练作品

白色石英砂与蓝色彩砂混合溪流水景训练作品

5.3 园路广场训练作品

园林微景观制作，学校通常会提供四种石材（青龙石、松皮石、上水石、鹅卵石）和三种颜色的石英砂（白色、原色、黑色）。学员在铺设园路时，可以选择使用一种石英砂或两种石英砂组合，也可以采用青龙石、松皮石、上水石的碎片铺设园路或排放汀步、台阶。

下面分五种情况展示园路广场训练作品。

白色石英砂园路训练作品

原色石英砂园路训练作品

白色与黑色石英砂组合园路训练作品

石材碎片铺设园路训练作品

入口铺装与广场训练作品

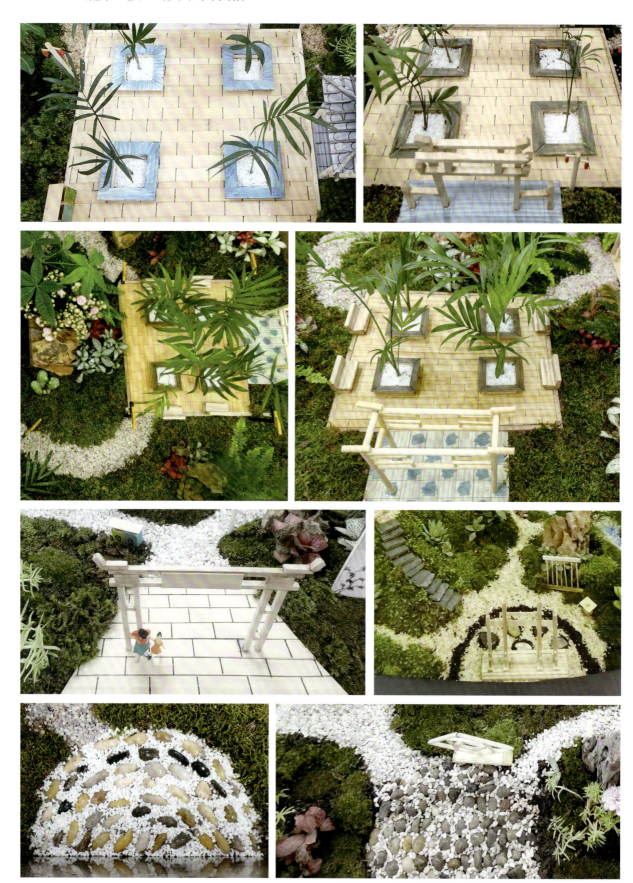

5.4 植物配置训练作品

　　园林微景观植物配置，学校通常会提供20多种植物，分为四个类型（小乔木、灌木、草本花卉、苔藓）。植物配置的基本要求：高、中、低搭配，绿色、红色、黄色等不同色彩的搭配，并要注意各种植物的习性（阳性、中性、阴性）。植物配置的基本方式：孤植，对植，列植，丛植，群植；最佳植物配置方式为类似于"花境"的植物组团方式。

　　学员在植物配置训练时，需要选择使用18种以上不同类型的植物，并要求对罗汉松进行蟠扎造型。

注：仿真植物应用，作品保存时间更久

5.5 建筑小品训练作品

　　建筑小品的制作难度大，用料多而杂，且精度要求高，故而费时费力。学员需要认真钻研、反复练习，才能逐步提高制作速度和精度。

　　建筑小品大致分为木亭、木桥、木屋、亲水平台、廊架、花窗、入口牌坊等。在园林微景观制作比赛时，由于时间限制，根据主题需要选择做几个小品即可。

木亭训练作品

木桥训练作品

亭廊桥训练作品

木屋训练作品

亲水平台训练作品

廊架训练作品

入口牌坊训练作品

花窗训练作品

06

园林微景观
实际应用赏析

    随着社会经济的发展和文明程度的提升，人们越来越重视生活环境的美化，使得园林微景观的应用得到重视与普及。宾馆酒店、高铁站/机场、农家乐庭院、别墅庭院、屋顶花园、居家阳台、会所客厅等，随处可见高雅别致的微景观作品。

    本章选用部分场所的园林微景观作品，供初学者欣赏学习。

6.1 宾馆酒店内的微景观

注：网络图片　　　　　　　　　　　　　注：网络图片

6.2 高铁站/机场内的微景观

注：以上照片拍摄于杭州萧山国际机场

注：以上照片拍摄于深圳宝安国际机场

6.3 农家乐庭院内的微景观

6.4 年销花卉里的微景观

6.5 高职学生制作的微景观

07
附 录

　　附录有两项内容：1.园林专业术语，2.园林绿化工国家职业技能标准。

　　园林绿化工国家职业技能标准以职业活动为导向，以职业技能为核心，对园林绿化工从业人员的职业工作内容进行了详细描述，对各等级从业者的技能要求进行了明确规定。

　　依据有关规定将园林绿化工分为五个等级（五级/初级工、四级/中级工、三级/高级工、二级/技师、一级/高级技师），具体内容有职业技能、工作内容、技能要求和权重表四个方面。五个等级的技能要求依次递进，高级别的要求涵盖低级别的要求。

7.1 园林专业术语

园林专业术语是园林、园艺、环境艺术等相关专业最基本的知识，必须熟记于心，才能更好地全面学习掌握园林专业知识与专业技能。

1. 城市绿化 urban greening

栽种植物以改善城市环境的活动。

2. 绿化覆盖面积 green coverage area

城市中所有植物的垂直投影面积。

3. 绿化覆盖率 green coverage rate

一定城市用地范围内，植物的垂直投影面积占该用地总面积的百分比。

4. 绿地率 green space rate

一定城市用地范围内，各类绿化用地总面积占该城市用地面积的百分比。

5. 园林绿化工程 landscape greening engineering

通过地形营造、植物种植和养护、园路与场地铺设、建（构）筑物和设施建造安装，实现城市绿地功能，形成工程实体的建设活动。

6. 施工项目管理 construction project management

施工单位在完成所承揽的工程建设施工项目过程中，运用系统的观点和理论，以及现代科学技术手段对施工项目进行计划、组织、安排、指挥、监督、控制、协调等行为，从而实现项目目标的全过程。

7. 整理绿化用地 prepare the planting spaces

绿化工程种植乔、灌、草、花卉、地被前的地坪整理，包括清理施工范围内不利于植物生长的杂草、垃圾、渣土等，以及对自然地坪与设计地坪相差在 30cm 以内的就地找平找坡，不含清理表面垃圾及地上附着物、亏方回填和余（渣）土外运。

8. 园林植物 landscape plant

适用于园林中栽种的植物，包括木本和草本两大类的观叶、观花、观果植物，以及适用于园林绿地和风景名胜区的防护植物与经济植物。

9. 地 径 ground diameter

苗木主干离地表面 0.1m 处的直径。

10. 胸 径 diameter at breast height

苗木主干离地表面 1.3 m 处的直径。

11. 大规格苗木 large size tree

胸径 18cm 以上的落叶乔木、高度 8m 以上的常绿乔木。

12. 小乔木 small arbor
自然生长的成龄树株，高为 3~8m 的乔木。

13. 中乔木 medium arbor
自然生长的成龄树株，高为 8~15m 的乔木。

14. 大乔木 big arbor
自然生长的成龄树株，高为 15m 以上的乔木。

15. 花卉 flowering plant
具有观赏价值的草本植物、花灌木、开花乔木及盆景类植物。

16. 攀缘植物 climbing plant
能缠绕或依靠附属器官攀附他物向上生长的植物。

17. 温室植物 greenhouse plant
在当地温室或保护条件下才能正常生长的植物。

18. 地被植物 ground cover plant
用于覆盖地面的密集、低矮、无主干枝的植物。

19. 草坪 lawn
园林中用人工铺植草皮或播种草籽培养形成的整片绿色地面。

20. 行道树 street tree
沿道路或公路旁种植的乔木。

21. 绿篱 hedgerow
由木本植物成行密植而成的植物墙篱。

22. 花篱 flower hedgerow
用开花植物栽植、修剪而成的一种墙篱。

23. 花境 flower border
以花卉、观赏草为主，配合其他植物材料，按一定艺术手法栽植和布置的多为带状的观赏区域。

24. 模纹花坛 pattern flowerbed
利用低矮、细密的植物种植形成精美图案纹样的花卉应用形式。

25. 立体花坛 tridimensional flowerbed
将植物材料栽植或附着到具有造型作用的骨架表面，通过骨架的造型结合植物材料的特色构成景观的花卉布置形式。包括在立体造型结构中填充基质并将植物材料栽植到基质上的栽植式立体花坛，以及将花卉通过特定容器固定在造型结构上组装形成的安装式立体花坛。

26. 立体绿化 tridimensional greening
平面绿化以外的其他所有绿化方式。

27.屋顶绿化 roof greening

在各类建筑物和构筑物顶面的绿化。

28.垂直绿化 vertical greening

利用攀缘植物和其他园林植物，以各种构筑物及空间结构为载体，包括立交桥、建筑墙面、坡面、河道堤岸、门庭、花架、棚架、阳台、廊、柱、栅栏、枯树、假山等，通过吸附、缠绕依附或铺贴等方式进行的绿化。

29.种 植 planting

将被移栽的树木按要求重新栽植的操作，包括假植、移植、定植。

30.假 植 temporary planting

苗木不能及时栽植时，将苗木根系用湿润土壤进行临时性填埋的绿化工程措施。

31.移 植 transplanting

将园林植物转移到某个地方种植，成活后还需移动作业。

32.定 植 fixed planting

按设计要求将树木栽种以后不再移动，使其永久性地生长在栽种地。

33.大树移植 big tree transplanting

将胸径 18cm 以上的落叶或常绿阔叶乔木，或者地径 20cm 以上或株高 6m 以上的常绿乔木移栽到异地的活动。

34.非正常季节种植 planting in abnormal seasons

在大多数园林植物最佳种植期以外季节的种植活动。

35.种植成活率 survival rate of planting

植物的成活数量与种植总量的百分比。

36.修 剪 pruning

对植株的某些器官，如茎、枝、叶、花、果、芽、根等部分进行剪截或疏除的措施。

37.整 形 forming

通过对植株采取一定的修剪措施，使其形成某种树体结构形态，以满足树体生长发育和人们审美需要的措施。

38.古树名木 ancient and famous trees

古树，泛指树龄在百年以上的树木；名木，泛指珍贵、稀有或具有历史、科学、文化价值及有重要纪念意义的树木，包括历史和现代名人种植的树木或具有历史意义、传说、神话故事的树木。

39.古树名木养护 maintenance of ancient and famous trees

为保障古树名木生长发育所采取的保养、维护等措施。

40.古树名木复壮 rejuvenation of ancient and famous trees

对重弱和濒危的古树名木所采取的逐渐恢复树势的措施。

41.有性繁殖 sexual propagation

利用植物种子进行繁殖的方法，也称种子繁殖、实生繁殖。

42.无性繁殖 asexual propagation

以园林植物营养体的一部分（根、茎、叶、芽）为材料，利用植物细胞的全能性而获得新植株的繁殖方法，也称营养繁殖，包括分株、压条、扦插、嫁接等方法。

43.组织培养 tissue culture

在无菌和人工控制条件下，将植物组织、细胞或器官的一部分接种到一定培养基上，在培养容器内培养出大量新植株的繁殖方法，也称微体繁殖。

44.园林铺地 garden pavement

园林绿地中的园路、广场、人行步道、庭院等地面铺装。

45.景 墙 landscape wall

园林中具有观赏价值的墙体。

46.木栈道 plank path in the garden

设置在绿地中，铺装面层为防腐木材或仿木材，具有一定景观功能的特殊步道。

47.花 架 pergola

设置在绿地中，高度为 2.4m 以上，既可供攀缘植物攀附又可供人休憩的构筑物。

48.园林理水 garden water system layout

园林中的各类水体的疏理和布局。

49.驳 岸 revetment in garden

保护园林水体岸边的工程设施。

50.护 坡 slope protect

为防止边坡变形或塌陷，在坡面上所做的各种绿化与工程措施的总称。

51.跌 水 water fall

垂直跌落的落差较小的水流。

52.瀑 布 water fall

垂直跌落的落差较大的水流。

53.叠 水 cascade

连续台阶状平流并跌落的水流。

54.园林小品 garden ornament

园林中供人们使用或装饰用的小型建筑物和构筑物。

55.置 石 stone ornament

以自然石材或仿制石材布置自然露岩景观的营造手法。

56.景 石 landscape stone

园林景观中起到点缀、美化作用的自身具有一定美感的石头。

57.返青水 plant recovery irrigation

为促进植物正常发芽生长，在土壤化冻后、萌芽返青前对植物进行的灌溉。

58.封冻水 pre-frost irrigation

为了使植物安全越冬，在土壤封冻前对植物进行的灌溉。

59.有害生物 harmful organism

危害园林植物的各种害虫、有害动物、病原微生物、寄生性种子植物、杂草等的统称。

60.物理防治 physical control

用简单工具或各种物理因素如光、热、电、温度、湿度、放射能、声波等防治病虫害的措施。

61.生物防治 biological control

用生物制剂（生物及其代谢物质）防治植物病虫害的方法。

62.化学防治 chemical control

用化学农药防治植物病虫害的方法。

63.基 肥 base fertilizer

植物种植或栽植前施入土壤或坑穴中的基础肥料，多为充分腐熟的有机肥。

64.立体绿化基质 substrates for tridimensional greening

由不同种类的有机物和无机物单一或由两种以上按一定比例混配组成，具有防火、防腐性能，且轻质、通透、保蓄性能好，用来代替自然土壤进行立体绿化种植的固体物质。

65.耐根穿刺防水层 root resistant waterproof layer

具有防水和阻止植物根系穿刺功能的防水构造层。

66.种植荷载 planting load

种植区内由耐根穿刺防水层、保护层、排（蓄）水层、过滤层、水饱和种植基质层、植被层等总体产生的荷载。

67.静荷载 static load

在结构使用期间，其值不随时间变化的荷载，又称永久荷载。

68.活荷载 live load

由积雪、壅水回流、活动人流等形成的临时重量，又称临时荷载。

7.2 园林绿化工国家职业技能标准

职业编码：4-09-10-01

为规范从业者的从业行为，引导职业教育培训的方向，适应社会经济发展和科技进步的客观需要，立足培育工匠精神和精益求精的敬业风气，并为职业技能鉴定提供依据，人力资源和社会保障部联合住房和城乡建设部、农业农村部、国家林业和草原局组织有关专家，依据《中华人民共和国劳动法》，制定了《园林绿化工国家职业技能标准（2022年版）》（以下简称《标准》）。

本《标准》以《中华人民共和国职业分类大典》为依据，严格按照《国家职业技能标准编制技术规程》有关要求，以"职业活动为导向、职业技能为核心"为指导思想，对园林绿化工从业人员的职业活动内容进行了规范细致描述，对各等级从业者的技能水平和理论知识水平进行了明确规定。

本《标准》依据有关规定将园林绿化工分为五个等级（五级/初级工、四级/中级工、三级/高级工、二级/技师、一级/高级技师），具体内容有职业功能、工作内容、技能要求和技能要求权重表四个方面。五个等级的技能要求依次递进，高级别的要求涵盖低级别的要求。

五级/初级工

职业技能	工作内容	技 能 要 求
1.园林绿化用地整理	1.1 场地整理与造型	1.1.1 能利用机械或工具清除场地内的各种砖瓦、石砾、建筑垃圾、污染物及野生杂草等杂物 1.1.2 能利用机械或工具拆除废旧的建筑物或地下构筑物 1.1.3 能按施工设计要求进行场地平整 1.1.4 能进行整地作垄、作床与作畦
	1.2 土壤改良	1.2.1 能按施工要求将基肥施入土壤 1.2.2 能按施工要求将土壤质地改良材料施入土壤
	1.3 种植穴（槽）挖掘	1.3.1 能按施工要求人工或利用机械挖掘花灌木种植穴 1.3.2 能按施工要求人工或利用机械挖掘绿篱种植槽
2.园林植物栽植与繁育	2.1 识别与选苗	2.1.1 能识别本地区常用园林植物50种（含品种）以上 2.1.2 能根据施工要求选择符合规格的花灌木、绿篱
	2.2 挖掘	2.2.1 能按规定规格对裸根苗木进行挖掘 2.2.2 能对挖掘好的裸根苗木根系进行保护与处理
	2.3 假植	2.3.1 能按技术要求对裸根苗木进行假植 2.3.2 能对假植后的裸根苗木进行常规养护

续表

职业技能	工作内容	技 能 要 求
2. 园林植物栽植与繁育	2.4 种植	2.4.1 能按施工要求对裸根苗木进行种植 2.4.2 能按施工要求对绿篱进行种植 2.4.3 能按施工要求对花卉和地被植物进行种植 2.4.4 能对种植后的裸根苗木、绿篱、花卉和地被植物进行养护管理
	2.5 繁育	2.5.1 能利用分生方法繁育园林植物 2.5.2 能利用扦插方法繁育园林植物 2.5.3 能利用容器对园林植物进行栽培与管理
3. 园林硬质景观施工	3.1 铺装	3.1.1 能识读园路、汀步铺装施工图 3.1.2 能按操作工艺流程进行园路、汀步铺装
	3.2 理水	3.2.1 能识读水景管道施工图 3.2.2 能按操作工艺流程进行水景管道安装
4. 园林植物基础养护	4.1 灌溉	4.1.1 能判别园林植物缺水表征 4.1.2 能使用灌溉工具对园林植物进行灌溉作业
	4.2 排水	4.2.1 能利用自然地形进行拦、阻、蓄、分、导等地面排水作业 4.2.2 能进行排水系统维护及故障处理
	4.3 施肥	4.3.1 能使用常用肥料 4.3.2 能使用施肥机具或人工进行施肥作业
	4.4 中耕	4.4.1 能利用机械或工具进行中耕作业
5. 园林植物有害生物防治	5.1 病害防治	5.1.1 能识别园林植物常见病害 5 种以上 5.1.2 能使用喷雾（粉）机具根据病害控制方案进行防治作业
	5.2 虫害防治	5.2.1 能识别园林植物常见食叶性害虫 5 种以上 5.2.2 能使用喷雾（粉）机具根据虫害控制方案进行杀虫作业 5.2.3 能按要求布设黑光灯、黄色板、性诱剂、食诱剂等诱杀害虫
	5.3 杂草防除	5.3.1 能识别园林绿地常见杂草 5 种以上 5.3.2 能按要求使用除草剂或人工进行除杂草作业
	5.4 鼠害防治	5.4.1 能对园林绿地或园林植物生产基地进行灭鼠作业
	5.5 药械使用与维护	5.5.1 能按要求清洗药械 5.5.2 ★能处理使用过的农药包装 5.5.3 ★能安全保管农药及药械 5.5.4 ★能按个人防护要求进行有害生物防治作业
6. 园林植物修剪与整形	6.1 绿篱修剪	6.1.1 ★能按规范操作绿篱修剪机具进行绿篱修剪 6.1.2 能对自然式绿篱进行修剪作业 6.1.3 能对整形式绿篱进行修剪作业 6.1.4 ★能按绿篱修剪规范进行个人安全防护
	6.2 花卉修剪	6.2.1 能对种植后的露地草本花卉进行修剪作业 6.2.2 能对花卉进行常规摘心、抹芽等整形作业

注：带★项为安全生产关键技能，若该项未达要求，则考核成绩为不合格。

职业技能	工作内容	技 能 要 求
7.古树名木保护	7.1 古树名木养护	7.1.1 能根据古树树牌区分一、二级古树
	7.2 古树名木复壮	7.2.1 能按技术方案或在专家指导下挖掘古树名木复壮沟
8.园林立体绿化	8.1 屋顶绿化	8.1.1 能对屋顶绿化植物进行灌溉、修剪作业 8.1.2 能对屋顶落水口等重点部位进行清理保洁作业 8.1.3 能定期对屋顶绿化植物进行补栽作业
	8.2 垂直绿化	8.2.1 能对垂直绿化植物进行灌溉、修剪作业 8.2.2 能操作垂直绿化灌溉设施进行灌溉作业 8.2.3 能对垂直绿化植物进行定期补栽作业
	8.3 立体花坛制作	8.3.1 能对立体花坛植物进行修剪作业 8.3.2 能操作立体花坛灌溉设施进行灌溉作业 8.3.3 能对立体花坛植物进行补栽作业

四级/中级工

职业技能	工作内容	技 能 要 求
1.园林绿化用地整理	1.1 场地整理与造型	1.1.1 能利用机械或工具进行土方挖填方作业 1.1.2 能利用机械或工具进行土方夯实作业
	1.2 土壤改良	1.2.1 能按规范要求进行土壤消毒作业 1.2.2 能检测土壤的酸碱性并按要求进行土壤改良 1.2.3 能对种植穴（槽）进行换土作业 1.2.4 能按要求配制用于容器栽植植物的常规基质
	1.3 种植穴（槽）挖掘	1.3.1 能按施工要求利用机械或工具挖掘乔木种植穴 1.3.2 能按施工要求利用机械或工具挖掘竹类种植穴 1.3.3 能根据容器苗的培育方案选择容器
2.园林植物栽植与繁育	2.1 识别与选苗	2.1.1 能识别本地区常用园林植物 70 种（含品种）以上 2.1.2 能根据施工要求选择符合规格的灌木、草本花卉及草坪地被
	2.2 挖掘	2.2.1 能进行带土球园林植物挖掘前准备工作 2.2.2 能利用机械或工具对小乔木、灌木进行土球挖掘
	2.3 搬运	2.3.1 能利用包装材料对挖掘好的土球进行打包作业 2.3.2 能对园林植物进行装车、运输和卸车作业
	2.4 假植	2.4.1 能对带土球园林植物进行假植 2.4.2 能对带土球园林植物进行假植后的养护管理
	2.5 种植修剪	2.5.1 能对种植前后灌木的根系、枝叶进行修剪处理 2.5.2 能对种植前后灌木的根系、枝叶剪口及伤口进行处理

续表

职业技能	工作内容	技 能 要 求
2. 园林植物栽植与繁育	2.6 种植	2.6.1 能对小乔木、灌木进行种植及养护管理 2.6.2 能对竹类植物进行种植及养护管理 2.6.3 能对藤蔓类植物进行种植及养护管理 2.6.4 能对切花植物进行栽培作业 2.6.5 能按要求用盆栽植物进行室内环境布置
	2.7 繁育	2.7.1 能用压条方法繁育园林植物 2.7.2 能用种子、种苗、种球繁育园林植物
3. 园林硬质景观施工	3.1 铺装	3.1.1 能识读广场铺装施工图 3.1.2 能按操作工艺流程进行广场铺装
	3.2 砌筑	3.2.1 能识读木作、水池等基础砌筑施工图 3.2.2 能按操作工艺流程进行木作、水池等基础砌筑
	3.3 木作	3.3.1 能识读木平台、木栈道等施工图 3.3.2 能使用机具按操作工艺流程进行木平台、木栈道制作与安装
	3.4 理水	3.4.1 能识读水景施工图 3.4.2 能按操作工艺流程进行水景防水、防渗施工
4. 园林植物基础养护	4.1 灌溉	4.1.1 能确定园林植物的合理灌溉时间 4.1.2 能按灌溉方案对不同生长时期的园林植物进行灌溉作业 4.1.3 能对灌溉设施进行一般故障排除
	4.2 排水	4.2.1 能按排水系统设计方案砌筑附属构筑物和埋设排水管道 4.2.2 能按排水系统设计方案安装排水设施
	4.3 施肥	4.3.1 能识别园林植物缺少微量元素的缺素症状 4.3.2 能选择园林植物施肥作业方法
	4.4 中耕	4.4.1 能能根据不同植物生长状况确定中耕时间
	4.5 防寒	4.5.1 能按防寒技术方案进行防寒材料准备 4.5.2 能按防寒技术方案进行防寒作业
5. 园林植物有害生物防治	5.1 病害防治	5.1.1 能按要求清除园林植物越冬病原物 5.1.2 能识别园林植物常见病害症状 5 种以上 5.1.3 ★能根据病害防治方案计算杀菌剂使用量并配制杀菌剂 5.1.4 ★能保管待用、未用完的杀菌剂
	5.2 虫害防治	5.2.1 能按要求清除园林植物越冬害虫 5.2.2 能识别园林植物常见刺吸式害虫 5 种以上 5.2.3 ★能根据虫害防治方案计算杀虫剂使用量并配制杀虫剂 5.2.4 能设置诱虫设备 5.2.5 ★能保管待用、未用完的杀虫剂 5.2.6 能按要求利用天敌进行生物防治
	5.3 杂草防除	5.3.1 能识别园林植物常见杂草 10 种以上 5.3.2 能确定常见杂草防除时间和方法

注：带★项为安全生产关键技能，若该项未达要求，则考核成绩为不合格。

续表

职业技能	工作内容	技 能 要 求
5. 园林植物有害生物防治	5.4 有害生物调查	5.4.1 能进行园林植物有害生物发生情况调查并填写发生情况调查表 5.4.2 能采集有害生物标本
	5.5 药械使用与维护	5.5.1 能保养手动、电动、机动喷雾器 5.5.2 能排除手动、电动、机动喷雾器简单故障 5.5.3 ★能按个人防护要求进行农药、园林机具使用与维护作业
6. 园林植物修剪与整形	6.1 乔木修剪	6.1.1 能按规范操作油锯、电动锯等机具修剪乔木 6.1.2 能对行道树进行整形修剪作业 6.1.3 能对绿地内乔木进行整形修剪作业
	6.2 绿篱修剪	6.2.1 能对绿篱进行更新修剪作业 6.2.2 能对绿篱修剪机进行保养作业
	6.3 藤蔓修剪	6.3.1 能根据藤蔓类植物生长发育习性进行整形修剪 6.3.2 能根据藤蔓类植物应用方式进行整形修剪
7. 古树名木保护	7.1 古树名木养护	7.1.1 能对古树名木进行巡查记录 7.1.2 能对古树名木进行及时补水或排水作业
	7.2 古树名木复壮	7.2.1 能区别正常、轻弱、重弱、濒危古树 7.2.2 能排查古树名木安全隐患
8. 园林立体绿化	8.1 屋顶绿化	8.1.1 能按设计方案进行屋顶绿化施工材料准备 8.1.2 能根据屋顶绿化植物生长习性进行修剪作业 8.1.3 能根据屋顶灌溉系统原理进行简单的设施维修 8.1.4 能对屋顶绿化植物病虫害进行简单防治
	8.2 垂直绿化	8.2.1 能根据垂直绿化植物生长习性进行修剪作业 8.2.2 能对智能灌溉设施和重点部位进行操作和维修 8.2.3 能对垂直绿化植物病虫害进行防治
	8.3 立体花坛制作	8.3.1 能根据立体花坛植物生长习性进行修剪 8.3.2 能对立体花坛植物进行病虫害防治 8.3.3 能对立体花坛灌溉设施进行操作

三级/高级工

职业技能	工作内容	技 能 要 求
1. 园林绿化用地整理	1.1 场地整理与造型	1.1.1 能按设计图利用测量仪器或工具对施工场地进行距离测量作业 1.1.2 能使用测量仪器确定场地标高
	1.2 土壤改良	1.2.1 能判别盐渍化土壤对植物的危害 1.2.2 能按施工要求改良盐渍化土壤
	1.3 定点放线	1.3.1 能根据种植设计图按比例进行规则式种植定点放线 1.3.2 能根据种植设计图按比例进行弧线种植定点放线

续表

职业技能	工作内容	技 能 要 求
2. 园林植物栽植与繁育	2.1 识别与选苗	2.1.1 能识别本地区常用园林植物 90 种（含品种）以上 2.1.2 能根据设计要求选择符合规格的阔叶乔木及竹类、水生、藤蔓类植物
	2.2 挖掘	2.2.1 能按园林植物的胸径或地径确定挖掘土球规格 2.2.2 能利用人工或挖掘机械对中乔木、大乔木苗木进行挖掘
	2.3 木箱苗木打包、运输	2.3.1 能利用木箱打包法对挖掘好的大规格带土球苗木进行木箱打包 2.3.2 能利用吊装机械对木箱苗木进行装车、运输
	2.4 种植修剪	2.4.1 能对种植前后乔木的根系、树冠进行修剪作业 2.4.2 能对种植前后乔木的根系、树冠剪口及伤口进行处理
	2.5 种植	2.5.1 能对中乔木、大乔木进行种植及养护管理 2.5.2 能对水生植物进行种植及养护管理 2.5.3 能对棕榈类植物进行种植及养护管理 2.5.4 能按设计图组织大型花坛、花柱的施工作业 2.5.5 能组织中小型绿地种植施工作业
	2.6 繁育	2.6.1 能利用嫁接方法繁育园林植物 2.6.2 能培育砧木和选择接穗 2.6.3 能进行容器繁育栽培园林植物 2.6.4 能按规划方案建设苗圃并组织苗圃生产日常工作 2.6.5 能利用组培方法繁育园林植物 2.6.6 能按要求实施园林植物引种与驯化
3. 园林硬质景观施工	3.1 砌筑	3.1.1 能识读景墙砌筑施工图 3.1.2 能按操作工艺流程进行景墙砌筑施工
	3.2 木作	3.2.1 能识读廊架等施工图 3.2.2 能使用机具按操作工艺流程进行廊架等制作与安装
	3.3 理水	3.3.1 能识读水景驳岸、叠水、跌水等水景置石施工图 3.3.2 能按操作工艺流程进行水景置石施工
4. 园林植物基础养护	4.1 灌溉	4.1.1 能对灌溉设计图进行识读，并组织实施灌溉设施安装 4.1.2 能调试灌溉设施控制合理灌水量
	4.2 施肥	4.2.1 能计算肥料的有效成分和用量 4.2.2 能编制园林植物施肥方案
	4.3 防护	4.3.1 能编制园林植物防寒方案 4.3.2 能编制园林植物自然灾害应急预案 4.3.3 能编制突发事件（大风、大雪、强降雨等）后受损的园林植物移伐方案
5. 园林植物有害生物防治	5.1 病害防治	5.1.1 能识别园林植物枝干和根部病害症状 5.1.2 能编制园林植物病害防治方案 5.1.3 能对病害防治效果进行评估 5.1.4 能根据实际情况对常见病害防治计划进行优化
	5.2 虫害防治	5.2.1 能识别园林植物常见害虫 10 种以上 5.2.2 能编制园林植物虫害防治方案 5.2.3 能对虫害防治效果进行评估 5.2.4 能根据实际情况对常见虫害防治计划进行优化

续表

职业技能	工作内容	技 能 要 求
5. 园林 植物 有害 生物 防治	5.3 杂草防除	5.3.1 能识别园林绿地常见杂草 15 种以上 5.3.2 能根据常见杂草发生规律制订防除计划
	5.4 有害生物调查	5.4.1 能调查园林植物有害生物 5.4.2 能制作园林植物有害生物标本
	5.5 药械使用与维护	5.5.1 能对主要生产设备及药械进行保养及简单维修 5.5.2 能排除主要生产设备及药械简单故障
6. 园林 植物 修剪 与整 形	6.1 灌木修剪	6.1.1 能对观叶灌木进行规范修剪作业 6.1.2 能对观枝灌木进行规范修剪作业 6.1.3 能对观花灌木进行规范修剪作业 6.1.4 能对观果灌木进行规范修剪作业
	6.2 绿篱修剪	6.2.1 能编制绿篱修剪方案 6.2.2 能对绿篱进行规范修剪作业
	6.3 造型修剪	6.3.1 能对园林植物进行几何造型修剪 6.3.2 能根据苗木生长特性和环境进行造型修剪
7. 古树 名木 保护	7.1 古树名木养护	7.1.1 能对古树名木进行巡查记录 7.1.2 能对古树名木进行及时补水或排水作业
	7.2 古树名木复壮	7.2.1 能区别正常、轻弱、重弱、濒危古树 7.2.2 能排查古树名木安全隐患
8. 园林 立体 绿化	8.1 屋顶绿化	8.1.1 能按设计方案进行屋顶绿化施工材料准备 8.1.2 能根据屋顶绿化植物生长习性进行修剪作业 8.1.3 能根据屋顶灌溉系统原理进行简单的设施维修 8.1.4 能对屋顶绿化植物病虫害进行简单防治
	8.2 垂直绿化	8.2.1 能根据垂直绿化设计图进行施工准备 8.2.2 能进行垂直绿化种植安全性验证 8.2.3 能进行种植基质配制 8.2.4 能应用本地区 15 种（含品种）以上常用植物进行垂直绿化
	8.3 立体花坛制作	8.3.1 能根据立体花坛设计图进行制作准备 8.3.2 能根据立体花坛工艺进行植物品种选择 8.3.3 能根据立体花坛工艺进行植物栽植 8.3.4 能应用本地区 15 种（含品种）以上常见植物制作立体花坛

二级/技师

职业技能	工作内容	技 能 要 求
1. 园林 绿化 用地 整理	1.1 场地整理与造型	1.1.1 能进行园林绿化工程土方量计算 1.1.2 能进行土方造地形施工作业 1.1.3 能进行挖湖堆山施工作业
	1.2 土壤改良	1.2.1 能进行土壤质地和结构取样 1.2.2 能进行土壤酸碱度和盐渍化测定

续表

职业技能	工作内容	技 能 要 求
1. 园林绿化用地整理	1.3 挖掘	1.3.1 能编制木箱苗木起挖包装运输技术方案 1.3.2 能编制木箱苗木种植方案
	1.4 定点放线	1.4.1 能根据种植设计图进行自然式种植定点放线 1.4.2 能根据设计图和种植规范对场地和种植距离进行复测和验线作业
2. 园林植物栽植与繁育	2.1 识别与选苗	2.1.1 能识别本地区常用园林植物 120 种（含品种）以上 2.1.2 能根据设计要求选择符合规格的针叶乔木和造型植物
	2.2 种植	2.2.1 能对木箱苗木进行种植及养护管理 2.2.2 能种植木箱苗木 2.2.3 能对园林苗木进行反季节种植及养护管理
	2.3 繁育	2.3.1 能编制良种繁育方案 2.3.2 能根据良种繁育方案进行良种繁育工作 2.3.3 能编制新品种栽培技术方案 2.3.4 能编制园林植物繁殖技术方案
3. 园林硬质景观施工	3.1 硬质景观施工与指导	3.1.1 能对施工人员进行园林工程施工图技术交底 3.1.2 能指导施工人员按操作工艺流程进行砌筑、铺装、木作、水景等施工作业
	3.2 园林小品及设施安装	3.2.1 能识读景石、雕塑等园林小品施工图 3.2.2 能按操作工艺流程进行景石、雕塑等园林小品制作与摆放 3.2.3 能按操作工艺流程进行座椅、标志牌等园林设施安装 3.2.4 能按操作工艺流程进行照明设施与灯具安装
4. 园林植物基础养护	4.1 灌溉	4.1.1 能进行园林绿地喷灌系统给水管网布设 4.1.2 能进行园林绿地喷灌系统喷头布设 4.1.3 能进行灌溉设施巡视和维护 4.1.4 能按设计方案安装智能灌溉设施 4.1.5 能进行智能灌溉中控系统维护和气象站维护
	4.2 施肥	4.2.1 能进行土壤理化性质测定 4.2.2 能根据土壤理化性质测定结果编制施肥方案
5. 园林植物有害生物防治	5.1 病害防治	5.1.1 能进行园林植物病害调查取样 5.1.2 能进行园林植物常见病害预测预报
	5.2 虫害防治	5.2.1 能进行园林植物虫害调查 5.2.2 能进行园林植物常见虫害预测预报
	5.3 杂草防除	5.3.1 能识别园林植物常见杂草 20 种以上 5.3.2 能对绿地杂草进行预测预报
	5.4 有害生物调查	5.4.1 能编制园林植物有害生物调查实施方案 5.4.2 能对园林植物有害生物调查质量进行检查评估 5.4.3 能识别、调查检疫性有害生物
6. 植物修剪与整形	6.1 乔木修剪	6.1.1 能根据乔木用途编制修剪方案 6.1.2 能根据乔木生长特性和生长环境编制修剪方案
	6.2 灌木修剪	6.2.1 能根据灌木用途编制修剪方案 6.2.2 能根据灌木生长特性和生长环境编制修剪方案
	6.3 造型修剪	6.3.1 能对园林植物进行自然与人工混合式造型修剪 6.3.2 能对园林植物进行垣壁式、雕塑式造型修剪

职业技能	工作内容	技能要求
7.古树名木保护	7.1 古树名木养护	7.1.1 能对古树蛀干性害虫、食叶性害虫种类进行甄别 7.1.2 能提出防治方案并能进行实施作业
	7.2 古树名木复壮	7.2.1 能按技术方案和在专家指导下进行古树树体损伤处理 7.2.2 能按技术方案和在专家指导下进行树洞修补 7.2.3 能按技术方案和在专家指导下进行树体加固
8.园林立体绿化	8.1 屋顶绿化	8.1.1 能根据设计图编制屋顶绿化施工技术方案 8.1.2 能根据屋顶防水层、阻根层施工技术方案组织防水层和阻根层施工作业 8.1.3 能根据屋顶荷载确定覆土类型、厚度及大型植物种植位置
	8.2 垂直绿化	8.2.1 能根据垂直绿化设计图编制施工技术方案 8.2.2 能进行垂直绿化种植安全性验证 8.2.3 能进行种植基质配制
	8.3 立体花坛制作	8.3.1 能根据设计图编制立体花坛制作技术方案 8.3.2 能根据立体花坛工艺确定灌溉方式 8.3.3 能根据立体花坛工艺编制种植层结构方案
9.培训与管理	9.1 技术培训	9.1.1 能对生产中出现的技术问题进行分析和指导 9.1.2 能制订三级/高级工及以下级别人员培训计划,并进行培训与示范 9.1.3 能编写技术指南和撰写技术工作总结 9.1.4 能根据园林行业相关国家标准、行业标准、地方标准、规范及法律法规制订培训计划
	9.2 项目管理	9.2.1 能编制园林工程施工与养护投标技术文件 9.2.2 能制订园林工程施工与养护人工、机械、材料等施工准备计划 9.2.3 能编制园林工程施工技术方案和主要分项工程施工方法

一级/高级技师

职业技能	工作内容	技能要求
1.园林绿化用地整理	1.1 场地整理与造型	1.1.1 能结合实地情况进行园林地形竖向设计 1.1.2 能进行地形艺术处理
	1.2 土壤改良	1.2.1 能根据土壤质地、酸碱度和盐渍化程度编制土壤改良方案 1.2.2 能根据测定结果计算各种肥料、改良材料等的使用量

续表

职业技能	工作内容	技能要求
2. 园林植物栽植与繁育	2.1 识别与选苗	2.1.1 能识别本地区常见园林植物 150 种（含品种）以上 2.1.2 能应用引进的植物新品种
	2.2 种植	2.2.1 能进行乔灌木种植设计 2.2.2 能进行水生植物种植设计 2.2.3 能进行藤蔓类植物种植设计 2.2.4 能进行草本花卉和草坪地被种植设计
	2.3 繁育	2.3.1 能进行园林植物新品种选育 2.3.2 能按生境要求进行园林植物品种筛选 2.3.3 能编制园林植物生产栽培综合管理方案
3. 园林硬质景观施工	3.1 施工组织与指导	3.1.1 能进行园林工程施工组织设计 3.1.2 能组织与指导园林硬质景观（砌筑、铺装、木作、水景等）施工作业
	3.2 施工研发与创新	3.2.1 能在施工过程中应用新技术、新产品、新材料、新设备 3.2.2 能进行砌筑、铺装、木作、水景、植物造景等施工工艺、工法研发与创新
4. 园林植物基础养护	4.1 灌溉	4.1.1 能根据不同植物的生长环境确定不同灌溉方式 4.1.2 能根据园林植物需水量测定数据编制灌溉方案
	4.2 施肥	4.2.1 能分析和评估土壤肥力状况 4.2.2 能编制平衡施肥技术方案
5. 园林植物有害生物防治	5.1 病害防治	5.1.1 能编制病害综合防治技术方案 5.1.2 能编制杀菌剂抗药性方案
	5.2 虫害防治	5.2.1 能编制虫害综合防治技术方案 5.2.2 能制订杀虫剂药害预防与补救措施
	5.3 杂草防除	5.3.1 能编制杂草防除综合防治技术方案 5.3.2 能制订除草剂药害预防与补救措施
	5.4 有害生物调查	5.4.1 能编制园林植物有害生物预测预报方案 5.4.2 能识别、调查检疫性有害生物
6. 植物修剪与整形	6.1 苗圃修剪	6.1.1 能编制乔木类圃苗整形修剪方案 6.1.2 能编制灌木类圃苗整形修剪方案
	6.2 造型修剪	6.2.1 能根据植物生长特性编制苗木造型修剪技术方案 6.2.2 能根据植物生长环境编制苗木造型修剪技术方案
7. 古树名木保护	7.1 古树名木养护	7.1.1 能判定古树名木衰弱的原因 7.1.2 能编制、评审、优化、实施古树名木养护方案
	7.2 古树名木复壮	7.2.1 能判定古树名木重弱或濒危的原因 7.2.2 能编制、评审、优化、实施古树名木复壮方案

职业技能	工作内容	技 能 要 求
8. 园林立体绿化	8.1 屋顶绿化	8.1.1 能根据屋顶立地条件和当地气候条件进行植物配置 8.1.2 能根据屋顶荷载进行种植基质配制 8.1.3 能根据屋面结构确定屋顶防水、排水技术方案 8.1.4 能设计屋顶绿化灌溉系统
	8.2 垂直绿化	8.2.1 能根据垂直绿化设计图编制施工技术方案 8.2.2 能根据垂直绿化结构载体进行荷载计算和种植安全性验证 8.2.3 能编制种植基质改良和配制技术方案 8.2.4 能设计垂直绿化智能灌溉系统
	8.3 立体花坛制作	8.3.1 能根据设计图编制立体花坛新技术、新材料应用方案 8.3.2 能根据立体花坛方案确定常用照明方式 8.3.3 能编制立体花坛智能水肥管理技术方案
9. 培训与管理	9.1 技术培训	9.1.1 能对园林行业相关法律法规、国家标准、行业标准、地方标准及规范进行宣贯培训 9.1.2 能对新技术、新材料、新标准、新工艺、新设备的推广应用进行技术指导与培训 9.1.3 能编写技术培训讲义或教材 9.1.4 能进行理论及实操培训
	9.2 项目管理	9.2.1 能编制园林工程施工与养护项目成本预算方案 9.2.2 能指导编制园林工程施工与养护项目方案 9.2.3 能进行园林工程施工与养护项目管理 9.2.4 能对一般安全事故进行应急处理

技能要求权重表

	技能等级 / 项目	五级/初级工（%）	四级/中级工（%）	三级/高级工（%）	二级/技师（%）	一级/高级技师（%）
技能要求	园林绿化用地整理	10	10	5	5	5
	园林植物栽植与繁育	15	15	10	15	10
	园林硬质景观施工	10	15	15	5	5
	园林植物基础养护	20	15	15	10	10
	园林植物有害生物防治	15	15	15	15	15
	园林植物修剪与整形	20	15	20	15	15
	古树名木保护	5	5	10	15	15
	园林立体绿化	5	10	10	15	15
	培训与管理	—			5	10
合 计		100	100	100	100	100

参考文献

[1]中华人民共和国教育部.全国职业院校技能大赛"园林微景观设计与制作"
  赛项规程，2023

[2]中华人民共和国人力资源和社会保障部等.国家职业技能标准（园林绿化工）.
  北京：中国劳动社会保障出版社，2022

[3]中华人民共和国住房和城乡建设部标准定额研究所.风景园林制图标准CJJ/T67–2015.
  北京：中国建筑工业出版社，2015

[4]徐伟，朱珍华.景观手绘效果图表现技法[M].北京：清华大学出版社，2021

[5]韩凌云，徐振.景观设计绘图技法[M].北京：辽宁科学技术出版社，2018

[6]蒋柯夫，张文茜.景观快题设计100例[M].武汉：华中科技大学出版社，2019

[7]顾永华，丁昕.图解盆景制作与养护[M].北京：化学工业出版社，2010

[8]何礼华，卢承志.园林景观设计与施工[M].杭州：浙江大学出版社，2023

[9]何礼华，黄敏强.园林庭院景观施工图设计[M].杭州：浙江大学出版社，2020

[10]何礼华，王登荣.园林植物造景应用图析[M].杭州：浙江大学出版社，2017

[11]何礼华，朱之君.园林工程材料与应用图例[M].杭州：浙江大学出版社，2013

[12]何礼华，汤书福.常用园林植物彩色图鉴[M].杭州：浙江大学出版社，2012